AF355654

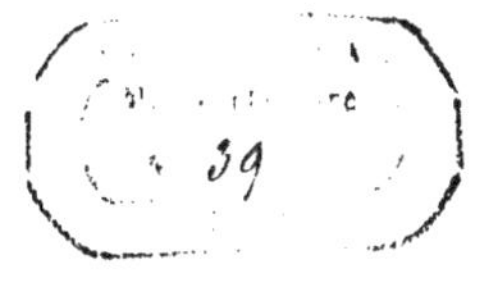

ESSAIS ÉTYMOLOGIQUES

SUR

L'ORNITHOLOGIE

DE MAINE ET LOIRE.

**A Messieurs les Membres de la Société Linnéenne
de Maine et Loire.**

Messieurs,

Dans mes études sur l'ornithologie j'ai souvent été arrêté par certaines dénominations données aux oiseaux, dénominations qui me paraissaient plus ou moins bizarres; aussi ai-je pensé qu'un travail, dont le but tendrait à démontrer que ces noms vulgaires ou savants sont fondés sur quelques particularités des mœurs ou du plumage des oiseaux, ne serait dénué ni d'intérêt, ni d'utilité. Ces notes pourront même contribuer à rendre les éléments de cette science plus faciles et moins arides, en associant à chacun de ces noms des notions propres à caractériser les oiseaux et à montrer aussi l'action de la Providence là où les naturalistes ne voient trop souvent que bizarrerie ou caprice. C'est donc sous l'empire de cette pensée que j'ai entrepris ce travail dont je viens aujourd'hui vous soumettre les premières pages. Toute mon ambition se borne à offrir à la Société Linnéenne un gage de bon vouloir et à indiquer une route que d'autres parcourront ensuite avec plus de succès et de science.

Dans l'espoir que ce travail servira de complément à la Faune de Maine et Loire, je donnerai des notions sur la couleur, la forme, les dimensions des œufs de chaque espèce d'oiseaux et sur les circonstances qui président à la construction de leurs nids. Je ferai aussi entrer dans cette nomenclature quelques faits ou quelques renseignements nouveaux pour la rendre moins sèche et plus intéressante. Quant à la classification je suivrai celle qui a été adoptée par M. Millet, dans sa Faune de Maine et Loire, sans en justifier ou en attaquer les principes.

1er ORDRE. — RAPACES.

Le mot générique *Rapaces* vient du latin *rapax* qui lui-même dérive du grec αρπαξ, ravisseur, dont la racine est αρπη, faulx. Cette dernière dénomination qui indique les habitudes des rapaces dont le bec moissonne tant de victimes, représente si bien la pensée des naturalistes, qu'ils l'ont consacrée en donnant à cet ordre tout entier le nom de Faucon, *falco*, qui découle de falx, faulx.

Ce premier ordre se partage en Rapaces nocturnes ou Ægoliens et Rapaces diurnes ou Accipitrins.

1re FAMILLE.

Rapaces nocturnes ou Ægoliens.

Le premier de ces mots s'explique naturellement par le genre de vie de ces oiseaux qui chassent pendant la nuit, *nox, noctis,* νυξ, νυκτός, d'où l'adjectif νυκτερος qui leur a fait encore donner le nom de *nycterins*. Le deuxième est composée d'αιξ, αιγος bouc, chèvre et ολος tout, tout chèvre, semblable à la chèvre. Cette dénomination est fondée sur les rapports que des naturalistes ont trouvés communs aux chèvres et aux rapaces nocturnes.

Les chouettes et les chèvres ont la voix rauque, brève, désagréable ; leurs yeux sont très larges et placés en avant ; ce dernier caractère est si spécial dans les oiseaux qu'il ne se rencontre que dans les rapaces nocturnes ; eux seuls aussi ont la tête ronde. Les chouettes comme les chèvres ont la figure encadrée, les unes par des plumes fines et pressées, les autres par de longs poils qui leur donnent une physionomie toute particulière.

Le mot Ægolien peut dériver aussi de αἴξ, αἰγος chèvre et ὀλολύζω hurler, crier comme la chèvre.

Les Ægoliens se subdivisent en chouettes et en hiboux ; ceux-ci se distinguent des premières par des aigrettes. Celles-ci ne sont pas un simple ornement, mais un don de la Providence qui sert à affaiblir les rayons de la lumière en les empêchant de frapper directement les yeux très sensibles de ces oiseaux. Ces aigrettes leur permettent ainsi de chasser un peu plus longtemps le soir et le matin et même quelquefois pendant le jour.

Les chats-huants ou chouettes qui se trouvent en Anjou sont au nombre de trois. Selon Buffon le mot chouette dériverait de *cecua*, oiseau nocturne ; alors la racine pourrait être *cæcus, cæca*, aveugle, et ne convenir aux chouettes que pendant le jour. Je crois qu'il est plus naturel de donner au mot chouette la même étymologie qu'au mot chat-huant.

Chat-huant. — *Strix aluco*.

Le nom de chat est fondé sur les habitudes de cet oiseau qui comme les chats vit de souris et de mulots, voit et chasse dans les ténèbres, qui comme eux trouble le sommeil de l'homme par des cris plaintifs. La physionomie de la chouette a aussi quelques traits de ressemblance avec celle du chat. L'adjectif *huant*, du mot huer, crier, indique une habitude commune à tous les rapaces nocturnes, moyen puissant que Dieu leur a donné pour réveiller, effrayer et trouver leur proie, et par là même la dévorer plus facilement. Le mot scientifique *strix*, indique la même pensée et vient de τρίζω, crier. Quand les chouettes aperçoivent leur proie, elles poussent rarement leur cri strident, mais elles fondent à l'improviste sur leurs victimes. Les plumes fines, pressées et soyeuses qui défendent ces oiseaux du froid et de l'humidité des nuits, servent aussi à leur fournir les moyens d'effectuer leur vol sans occasionner le moindre bruit.

Hulotte dérive de *ululare* et a la même signification.

L'épithète *aluco* qui détermine cette chouette peut venir de α et λύκος loup, qui ne ressemble pas aux loups, par antiphrase, figure si familière aux Grecs, ou de α et λυκοω dévorer, d'après la même pensée ou enfin de α et λύκη crépuscule, qui n'aime pas le crépuscule, qui redoute le lever du soleil. Comme les loups, les chouettes fuient la lumière, comme eux elles vivent dans les bois et chassent quand lhomme est endormi, avec cette différence essentielle que la chouette prend les intérêts du villageois, défend sa propriété, tandis que le loup l'attaque et l'enlève. D'après Ducange αλυκο vient de ὀλολύξω dont le radical est ὀλυξ et signifierait alors oiseau qui crie d'une manière stridente.

La hulotte pond vers la fin de février ou au commencement de mars deux œufs arrondis et blancs, de 0^m 042 de longueur et de 0^m 036 de diamètre. Elle les dépose sur la poussière vermoulue des arbres dans l'intérieur desquels elle s'est préparé un trou avec le secours de ses pattes et de son bec. Cette chouette s'arrache quelquefois les plumes du milieu du ventre pour envelopper ses œufs, les réchauffer et préparer un nid plus agréable à ses petits. D'autres fois elle ne prend pas ce soin et choisit un vieux nid de buse, de corneille, de pie ou d'écureuil, dont les matériaux sont tout réunis. Cette chouette couve ses œufs toute la journée et une partie de la nuit et ne chasse que le matin et le soir.

M. Courtiller conserve dans le Musée de Saumur un nid et un œuf de hulotte qui datent de plusieurs siècles et présentent une particularité curieuse. Lors de la construction de l'église de Saint-Pierre de Saumur, une chouette se réfugie dans un trou de *boulin* et là réunit en cercle quelques brins de paille desséchée sur lesquels elle dépose un œuf. Les ouvriers en faisant le *ravalement* fermèrent le trou, et l'humidité de la pierre et de la chaux nouvellement employée se déposa en couche légère de salpêtre sur le nid et l'œuf. Les parties les plus déliées s'étant évaporées insensiblement, le nid et l'œuf conservèrent une apparence calcaire qui les fait ressembler un peu aux objets de la fontaine Saint-Allyre, en Auvergne. Ce nid et cet œuf furent apportés à M. Courtiller par les ouvriers qui, chargés récemment des réparations extérieures de l'église, enlevèrent la pierre fermant le trou du boulin.

Je soumettrai à votre appréciation une hypothèse au sujet des œufs des rapaces nocturnes. Ces œufs sont presque tous déposés dans des trous d'arbres ou dans la profondeur des vieilles masures. Leur couleur qui est toujours blanche comme celle des œufs de pics, des martins-pêcheurs qui nichent de la même manière, ne serait-elle pas le résultat de l'attention de la Providence ?

Le blanc s'aperçoit mieux dans les ténèbres que les autres couleurs et offre ainsi à ces oiseaux un moyen de conserver leurs œufs en les leur faisant distinguer dès qu'ils plongent dans leurs trous ou quand ils les changent de place pour faciliter l'incubation.

Chouette chevêche. — *Strix passerina!*

L'adjectif *passerina* s'explique naturellement par les habitudes de ce rapace. La chevêche se rapproche un peu du passereau en ce sens que voyant mieux que ses congénères, elle voltige quelquefois pendant une partie du jour, surtout dans les champs plantés de pommiers. Il n'en est pas de même du mot *chevêche*, et jusqu'à ce moment-ci j'avais cru ne pouvoir l'expliquer qu'en le faisant dériver du mot chevaucher.

En fauconnerie ce terme se dit de l'oiseau s'élevant par secousses au-dessus du vent. Cette manière de voler étant propre à la chevêche, rendait l'étymologie plus admissible qu'elle ne le paraissait d'abord. Mais le mot αιγωλιος par lequel Aristote distingue la chevêche des autres chouettes, a reporté ma pensée vers les chèvres, et j'ai cru trouver dès lors le véritable sens de chevêche dans ces mots chèvre chef, oiseau dont la tête ressemble à celle de la chèvre. Cette explication est confirmée par le nom que les Latins donnaient à la chevêche, *capriceps*, tête de chèvre. De Roquefort pense que le nom de chevêche a été donné à cette chouette à cause de ses soufflements chè, chei, cheu, cheue, chiou, qui ressemblent à ceux d'un homme dont la poitrine est oppressée et qui dort la bouche ouverte. Enfin d'autres naturalistes ne voient dans la dénomination chevêche que le mot *chef* défiguré. Quelques auteurs la nomment *nudipes*, aux pieds nus, parce que ses pieds sont moins velus que ceux des autres chouettes. Ce caractère sert à la distinguer de la chouette *Tengmalm,* qui destinée à vivre dans les pays très froids, a les pieds couverts de plumes longues et très pressées. La chevêche affectionne les vergers et c'est souvent dans le creux des arbres fruitiers, sur les débris de feuilles sèches, qu'elle pond de trois à cinq œufs blancs et arrondis; leur longueur varie de 0ᵐ 031 à 0ᵐ 034, et leur diamètre de 0ᵐ 024 à 0ᵐ 026. Quelquefois elle dépose ses œufs dans un trou de vieux mur.

Chouette effraie. — *Strix flammea.*

Cette chouette doit son nom aux idées d'effroi qui s'attachent à sa présence et se fondent sur ses habitudes. D'abord elle vit plus près de nous que ses congénères, elle habite les villes, les châteaux; nous sommes plus à même d'entendre ses cris; puis c'est elle qui pendant la nuit aime à accompagner le voyageur dans les chemins creux et boisés, à le précéder en voltigeant d'arbre en arbre et à lui jeter de distance en distance un cri d'alarme, une espèce de qui-vive sinistre. C'est elle enfin qui vient se réfugier dans les replis des vieilles cheminées, et qui surprise par le jour dans sa nouvelle demeure plonge en culbutant dans le tuyau de ces cheminées et apparaît tout à coup au milieu du foyer comme un oiseau de mauvais augure. Le nom scientifique *flammea* lui a été donné à cause de la couleur de ses plumes d'un blanc très pur et terminées par une pointe d'un jaune un peu ardent, couleur qui la fait encore apparaître dans les nuits sombres comme un météore précurseur de tristes nouvelles.

Cette chouette dont les œufs sont un peu plus allongés que ceux des précédentes, pond ordinairement dans les excavations des vieux murs, des clochers et des châteaux, de trois à cinq œufs, dont la longueur varie de 0^m 035 à 0^m 040 et le diamètre de 0^m 026 à 0^m 030; leur coquille est plus légère et moins unie que celle des œufs des autres ægoliens; sa ponte a lieu vers les premiers jours d'avril ou la fin de mars.

La deuxième section des rapaces nocturnes comprend les chouettes à aigrettes ou hiboux. Cette dernière dénomination me paraît venir de *hiare,* crier], qui a formé les vieux mots français, *hier, hie,* faire jouer la hie ou demoiselle, et de *bos,* bœuf, crier comme un bœuf. Le grec vient encore confirmer cette étymologie par ce vers de Lance-lot : βυξω et βυσσω hurler comme un hibou. Le mot choisi par les Latins pour désigner cet oiseau prouve aussi qu'ils avaient été déterminés à le lui donner d'après son cri ; ils l'appelaient *nycticorax*, corbeau de nuit, à cause du croassement désagréable qu'il fait entendre pendant le sommeil de l'homme.

L'Anjou possède quatre espèces de chouettes à aigrettes.

HIBOU BRACHIOTE. — *Strix brachyotos.*

Ce hibou sert de trait-d'union entre les chouettes proprement dites et les chouettes à aigrettes. Son nom est composé de βραχύς court et ους, ωτος oreille, parce que ses aigrettes sont peu apparentes et qu'elles ne renferment chacune que deux, trois ou quatre plumes, tandis que celles du grand-duc en comptent dix et celles du moyen-duc et du scops, six. Le brachiote supporte plus facilement la lumière que ses congénères, et s'abandonne à des pérégrinations régulières ; il pond au commencement du printemps de trois à cinq œufs blancs, un peu oblongs et plus luisants que ceux des chouettes; cette dernière manière d'être convient à tous les œufs des différentes espèces de hibou. Ceux du brachiote ont de 0ᵐ 035 à 0ᵐ 037 de longueur sur 0ᵐ 049 à 0ᵐ 051 de diamètre. Ils sont déposés à terre sur quelque éminence ou dans des marais desséchés, au milieu des herbes touffues, ou bien encore sur des pierres ou dans des nids abandonnés par les pies et les corneilles.

HIBOU GRAND-DUC. — *Strix bubo.*

Le nom de *duc* donné aux trois autres chouettes à aigrettes est fondé sur une erreur des Grecs. Ceux-ci ayant aperçu une fois un moyen-duc perché non loin d'une troupe nombreuse de cailles arrivant dans leur pays, pensèrent qu'il servait de guide à ces oiseaux. Leur imagination très ardente entrevoyait dans les aigrettes de ce hibou un indice de commandement, une image des panaches qui flottaient sur les casques de leurs chefs, de leurs *ducs*.

Les mots *grand, moyen* et *petit,* ajoutés à celui de duc, sont destinés à distinguer ces oiseaux d'après leurs dimensions relatives. L'épithète *bubo* qui est donnée au grand-duc dérive de *bubulo,* crier d'une manière stridente, ou *butio* et *bos,* pousser des vagissements de taureau.

Le grand-duc apparaît très rarement en Anjou et vit ordinairement sur les sommets boisés des montagnes; là il lutte avec énergie et même quelquefois avec succès contre les aigles. Jamais il ne refuse le combat, et des naturalistes consciencieux assurent que lorsque l'approche de la nuit lui rend toutes ses armes, il soutient avec persévérance le choc de l'aigle royal, son ennemi acharné. Plusieurs fois il a entraîné dans sa chute son adversaire qui succombait aux blessures reçues dans le combat. La femelle pond dans le mois de mars ou d'avril deux œufs blancs et arrondis, ou un peu oblongs, dont la longueur varie de 0ᵐ 063 à 0ᵐ 065 et le diamètre de 0ᵐ 050 à 0ᵐ 053. Rarement ces œufs ont une teinte légère de roux qui doit provenir de leur contact avec la poussière humide ou vermoulue sur laquelle ils sont déposés, dans le creux des arbres ou des anfractuosités de rochers escarpés.

HIBOU MOYEN-DUC. — *Strix otus.*

Les noms de ce rapace découlent des étymologies données précédemment. Cet oiseau, assez commun en Anjou, niche ordinairement dans les nids abandonnés des corneilles, des pies ou des écureuils, et pond quatre ou cinq œufs blancs et un peu oblongs, dont la longueur varie de 0^m 036 à 0^m 038 et le diamètre de 0^m 030 à 0^m 032.

Hibou petit-duc ou Scops.

Ce dernier mot me semble composé de σκια, ombre et ωψ, voix, ou de σκια et ωψ et οπος, regard ; ces deux explications lui conviennent également ; il voit dans les ténèbres et aime à se cacher sous les feuilles de noyer et à faire entendre pendant le jour un son très fortement sifflé. Peut-être ce nom pourrait-il venir encore de σκώπτω railler et retracer ainsi l'impression qu'on éprouve à l'égard d'un oiseau impossible à découvrir malgré ses cris, et dont le sifflement persévérant paraît être une raillerie. Ce hibou voyage quelquefois par petites bandes en Anjou et surtout dans le Saumurois. Il pond vers la fin d'avril quatre ou cinq œufs blancs et presque ronds, de 0^m 028 à 0^m 030 de longueur et de 0^m 026 à 0^m 028 de diamètre. Quelques-uns de ces œufs ont une couleur d'un jaune foncé qu'on doit attribuer à leur séjour dans le creux humide des vieux arbres auxquels ils sont confiés.

Tous les rapaces nocturnes, dont nous venons d'énumérer les noms, se réfugient régulièrement pendant le jour dans les trous des arbres, sous le feuillage épais des forêts ou dans les crevasses des murs des vieux châteaux. Cette habitude peut fournir une autre explication du mot ægolien en le faisant dériver de εις dans et γωλεον caverne, qui aime, qui recherche l'obscurité des cavernes. Leur but est de se soustraire à l'action de la lumière qui fatigue leurs yeux, pourvus d'une double paupière, et cependant incapables de recevoir des rayons trop vifs, à cause de l'extrême sensibilité de leur vue que l'on doit attribuer au grand épanouissement du nerf optique. Aussi quand, par une cause quelconque, ils sont forcés d'abandonner leur réduit, d'interrompre leur sommeil et de s'exposer à l'éclat d'une lumière vive, ils se livrent alors à une série de grimaces et de poses bizarres qui les rendent un sujet de risée pour tous les autres oiseaux. Ceux-ci n'ayant rien à craindre d'un ennemi à moitié endormi et ébloui par l'excès de la lumière, l'attaquent avec acharnement. Mais malheur aux assaillants quand le crépuscule arrive avant la fin du combat, car les rôles changent, et souvent plusieurs des agresseurs paient de leur vie une attaque dictée par la lâcheté.

L'homme a su profiter de cette particularité pour attirer et prendre les oiseaux, soit en se servant des chouettes, soit en contrefaisant leur voix. Les gros oiseaux viennent plus facilement au cri du moyen-duc, et les petits à la voix de la hulotte. C'est aussi cette chasse, nom-mée *pipée*, qui avait fait appeler *chevêche* un ancien jeu de cartes dans lequel celui qui faisait la chouette luttait contre plusieurs adversaires.

Je termine ce travail sur les rapaces nocturnes en joignant ma voix à celle de tous ceux qui ont étudié les mœurs de ces oiseaux, pour réclamer contre l'ingratitude des villageois qui poursuivent à outrance, par tous les moyens possibles, ces rapaces dont ils devraient dans l'intérêt de l'agriculture faciliter la propagation.

Ces rapaces sont en effet les vrais amis des cultivateurs, et pendant que ceux-ci se reposent des fatigues du jour, les chouettes sortent de leurs retraites pour veiller à la conservation des semences, objet de tant de soins et de soucis. Elles parcourent les champs, dévorent les souris, les mulots, les taupes, les gros insectes et ne demandent pour toute récompense qu'un asile dans le trou d'un vieil arbre. Là elles se réunissent quelquefois en grand nombre pour se réchauffer pendant l'hiver, et font entendre des cris sourds et prolongés qui effraient les habitants de la campagne et constituent le seul grief qu'on puisse reprocher aux rapaces nocturnes. Les anciens avaient justement apprécié les services rendus par les nyctérins en consacrant la chouette à Minerve, personnification de la guerre unie à la vigilance et à la sagesse.

DEUXIÈME FAMILLE DES RAPACES.

Rapaces diurnes ou Accipitrins.

L'adjectif diurnes dont la racine est *dies*, jour, convient parfaitement aux rapaces qui ne fuient pas la lumière pour se livrer à la chasse; il en est de même du mot *accipitrins* dérivé d'*accipiter*, oiseau de proie, voleur, qui lui-même vient d'*accipio*, recevoir et prendre.

Le 1er genre de cette famille comprend les Vautours auxquels appartiennent les Cathartes.

Catharte percnoptère ou Alimoche. — *Cathartes percnopterus.*

Un jeune catharte mâle a séjourné pendant quelque temps dans l'arrondissement de Beaupreau et a été tué le 19 octobre 1854. Il fait partie du cabinet de M. Guillou, de Cholet, où je l'ai vu en septembre 1855. Un autre catharte est resté deux jours, en janvier 1855, à rôder autour d'un établissement d'engrais animal, à 2 kilomètres de Cholet, et a été poursuivi par MM. de Beauvoys, notaire, et Houdet, docteur-médecin.

Mais avant d'inscrire le catharte dans la Faune de Maine et Loire, il me semble nécessaire de développer un principe propre à résoudre la question débattue depuis quelque temps. Composer la Faune ornithologique d'un pays, c'est faire le catalogue complet des oiseaux qui s'y rencontrent, décrire leurs mœurs, les variations qu'ils subissent dans leurs plumages et leurs dimensions selon l'âge, le sexe et la mue. C'est indiquer s'ils sont sédentaires, de passage accidentel ou régulier. Quand on attribue à chaque oiseau la manière d'être qui lui convient, on est dans le vrai; l'erreur ne se produit que lorsque l'auteur établit des nouvelles espèces qui n'existent pas réellement; lorsqu'il donne comme sédentaires des espèces qui ne sont que de passage, ou enfin lorsque, confondant des espèces différentes, il constate la présence d'oiseaux qui n'ont jamais visité sa contrée. Ces principes ont été admis par Linnée, Buffon, Cuvier, Temmink, Dégland, pour l'ornithologie européenne; ils ont servi à classer toutes les collections des musées. N'admettre, comme appartenant à la Faune de l'Europe, que les oiseaux qui s'y propagent, ce serait bouleverser tous les musées et en exclure plus de la moitié des oiseaux qui les composent maintenant. MM. Crespon, Baillif, Millet et tous les auteurs ont adopté les mêmes principes pour l'ornithologie particulière; modifier cette marche générale, ce serait supprimer au moins un des volumes de la Faune de Maine et Loire et rendre inutile toute espèce de supplément. Je crois donc que dire : qu'un oiseau a visité un pays lorsqu'il y a été tué dans l'état de liberté, c'est enregistrer un fait vrai et fournir un renseignement précieux pour des recherches subséquentes. De nouvelles preuves viennent se joindre aux faits avancés et fortifier les assertions précédentes. Ainsi le martin-roselin, dont l'apparition était regardée comme un fait très rare, a été tué cette année sur plusieurs points de notre département à des époques différentes; en juin 1855, par MM. de Monfrière, et en septembre par M. Charles, vétérinaire à Cholet.

J'admets donc le catharte comme oiseau de passage accidentel. Ce rapace appartient aux vautours dont le nom latin *vultur*, désignait, d'après Sénèque, ceux qui vivaient d'héritages, expression très juste pour déterminer des oiseaux lâches qui se nourrissent de cadavres, héritage que leur lègue la mort. Leur cou long et dénudé en partie

ou en totalité, a procuré aux vautours le nom de nudicoles, et leur
permet de plonger plus facilement la tête dans les cadavres pour en
dévorer les intestins. Le nom de catharte de καθαιρω, purger, indique
les habitudes de ces oiseaux et les services qu'ils rendent dans les
pays où la chaleur et la malpropreté des habitants s'unissent pour
rendre le climat peu salubre. Les cathartes sont très nombreux à
Constantinople et en Égypte, où autrefois ils étaient connus sous le
nom de poules de Pharaon et réputés sacrés. Dans ces pays, chaque
jour les cathartes délivrent les villes des immondices qui y séjour-
neraient longtemps sans leur concours. En Amérique, ils rendent
les mêmes services et sont sous la protection des lois. Pour pouvoir
remplir la mission qui leur a été confiée, la Providence a doué ces
oiseaux d'un odorat très développé et qui, d'après Duméril et plusieurs autres naturalistes, leur permet de découvrir les cadavres à
une distance de plus de 50 kilomètres. Quand, pendant l'hiver dernier, le froid et les privations moissonnaient les chevaux des alliés
en Crimée et menaçaient d'engendrer des maladies pestilentielles,
les cathartes, attirés par les émanations des cadavres, se réunissaient
par centaines s'abattaient tous les soirs sur le camp comme un
nuage épais et ne laissaient le lendemain matin que des os blanchis
et desséchés. Gérard a souvent constaté des faits de cette nature
dans le cours de ses chasses en Algérie. « Lorsque je désire, écrit-il,
conserver comme appât un des bœufs égorgés la veille par le lion,
je le couvre de plusieurs couches épaisses de branches afin de le
dérober le plus possible à la vue et à l'odorat des vautours et des
cathartes; les bœufs qui n'ont pas été soumis à ces précautions ne
m'offrent le soir qu'un squelette entièrement dénudé et fouillé en
quelque sorte avec le scalpel. »

L'adjectif percnoptère de περκνος, noirâtre, moucheté de noir, et de
πτερον aile, indique que les grandes pennes des ailes sont noires tandis
que le plumage général des adultes est d'un blanc jaune, varié de
brun et de roussâtre. Le plumage des jeunes diffère essentiellement
de celui des adultes; il est d'un brun noirâtre strié de taches roussâtres qui s'harmonisent ensemble sans se confondre. Le plumage
de cet oiseau devient de plus en plus blanc à mesure qu'il vieillit.
La plupart des naturalistes modernes donnent au catharte le nom
de Néophron, en mémoire des infortunes du fils de Tymandre,
changé en vautour par Jupiter. Le mot *alimoche,* qui servait à le
désigner ordinairement, paraît abandonné des savants modernes.
De tous les noms du catharte, celui d'alimoche est cependant le
plus convenable. Composé de α et λιμος, très affamé, ou de α, λιμος, faim
et εχω, avoir, il représente très exactement les habitudes d'un oiseau

qui est assez affamé pour accepter comme nourriture les immondices et les cadavres en putréfaction.

Le catharte est le plus petit et le plus sale de tous les vautours. Méfiant et rusé, il vit principalement de cadavres et d'immondices et quelquefois de tétras, de rats et de taupes. Il niche dans des endroits inaccessibles, pose son aire dans les crevasses des rochers. Cette aire est formée de petites branches, garnie de mousse et défendue sur les bords par des épines. La femelle pond un ou deux œufs dont la longueur et le diamètre varient beaucoup ainsi que la forme et la couleur. Ils ont ordinairement 0^m 064 de longueur et 0^m 052 de diamètre. La plupart sont d'un blanc sale pointillé de rougeâtre ou de violet pâle. Quelquefois les taches forment une couronne ou une calotte vers le gros bout; d'autres fois le rouge est d'une couleur si prononcée qu'il couvre entièrement la coquille et la fait ressembler aux *œufs de Pâques*. Quelques-uns enfin sont moitié rouges et moitié blancs.

Le deuxième genre des Accipitrins comprend les faucons proprement dits.

L'étude de ces oiseaux présente de graves difficultés, parce qu'il existe de grandes variations dans leur plumage et dans leurs proportions selon l'âge, le sexe et la mue. Ces variations ont trompé beaucoup de naturalistes qui ont multiplié les espèces avec d'autant plus de facilité que les faucons, par leur vol hardi et rapide, et l'escarpement des lieux où ils se réfugient ordinairement, laissent à peine aux naturalistes le temps d'étudier leurs mœurs. Quelques remarques préliminaires pourront aider à distinguer et à classer les faucons.

Les jeunes ressemblent presque toujours à la femelle qui est beaucoup plus grosse que le mâle; tous les faucons ont des taches assez prononcées sur les plumes du ventre; ces taches s'effacent avec l'âge et disparaissent presque entièrement chez les vieux sujets. Lorsque les adultes portent les taches dans le sens horizontal, les jeunes les ont dans le sens perpendiculaire. Les jeunes enfin sont toujours plus fauves que les vieux; c'est cette particularité qui a fait donner aux premiers le nom de faucons *sors, saures,* vieux mot qui signifie *de couleur jaune.* Les faucons sont de tous les rapaces ceux dont le courage est le plus franc et le plus grand relativement à leurs forces. Ils fondent presque tous perpendiculairement sur leur proie sans reculer devant aucun ennemi. Leur courage les avait fait remarquer des chevaliers du moyen-âge, juges compétents en bravoure et même en témérité. Ceux-ci avaient utilisé les instincts des faucons en les soumettant à une éducation longue et pénible qui les rendait aptes à une chasse dont le produit revenait à leurs maîtres. L'art d'élever le faucon prit bientôt de grandes proportions et constitua la fauconnerie, étude à laquelle s'adonnèrent les seigneurs et les vilains pendant une longue série d'années. L'amour de la fauconnerie devint si vif que les seigneurs et les rois de France se livrèrent à cet amusement, même en Palestine, pendant les Croisades. Ces expéditions nous rappellent un fait curieux transmis par un historien de ces temps de ferveur chevaleresque : « Parmi les faucons du roi de » France, il s'en trouvait un de couleur blanche et d'une espèce » rare. Le roi aimait beaucoup cet oiseau et cet oiseau aimait le roi » de même. Ce faucon s'étant échappé, alla se percher sur les rem- » parts de Ptolémaïs ; toute l'armée chrétienne fut en mouvement » pour rattraper l'oiseau fugitif. Comme il fut pris par les musul- » mans et porté à Saladin, Philippe envoya un *ambassadeur* au sultan » pour le racheter, et fit offrir une somme d'or qui eût suffi à la » rançon de plusieurs guerriers chrétiens. »

Les faucons les plus propres à la chasse sont le gerfault, le pèlerin, le hobereau et l'émérillon. Tous ont le bec échancré de chaque côté en forme de dent, particularité qui leur est d'une grande utilité pour dépecer leurs victimes et sert en même temps à les distinguer des autres oiseaux de proie. Les faucons présentent une singularité qui n'a pu être expliquée jusqu'à ce moment-ci d'une manière satisfaisante et qui se retrouve aussi chez les autres rapaces, mais avec un caractère moins prononcé. La femelle est beaucoup plus grosse que le mâle, circonstance qui a fait donner à un certain nombre de ces accipitrins le nom de Tiercelets, parce que la différence entre le mâle et la femelle est souvent du tiers de la grosseur totale. Deux raisons me paraissent justifier cette disposition : La grosseur des femelles peut être attribuée au *cœcum* qui est double chez elles et simple dans les mâles (le cœcum est une branche des intestins placée entre l'intestin grêle et le colon), ou plutôt à l'attention de la Providence qui a départi plus de forces à la femelle. Elle est presque seule chargée de pourvoir à la nourriture de ses petits, et elle ne peut la leur procurer que par des courses pénibles et des combats incessants. Cette supériorité de courage et de forces dans la femelle est confirmée par l'*Histoire de la Fauconnerie*. Le mâle était consacré à prendre les perdrix, les geais, les merles, les alouettes, et la femelle à la chasse du lièvre, du milan et même de la grue.

Cinq de ces faucons habitent ou visitent l'Anjou.

FAUCON PÈLERIN. — *Falco peregrinus.*

Ce bel oiseau, qui chaque année traverse deux fois l'Anjou en immolant bon nombre de victimes, doit son nom à son amour et à son besoin des excursions, des pérégrinations : *peregrinare,* voyager, qui dérive lui-même de *per agros,* à travers les champs. Cette dernière étymologie fait connaître exactement la manière de chasser de ce faucon qui vole en rasant la surface des champs avec une grande rapidité pour faire lever et saisir les oiseaux cachés dans l'herbe et derrière les mottes de terre. Cet oiseau pond sur une aire plate formée de petites branches recouvertes de racines et de mousse, trois ou cinq œufs un peu arrondis, d'un rouge de brique plus ou moins vif, sur lequel on aperçoit des taches de brun qui forment en quelque sorte une deuxième couche irrégulière plus foncée que la première. Ces œufs pourraient être confondus avec ceux de la buse bondrée, mais ils sont généralement plus gros et ont deux caractères communs à tous les faucons. La coquille est plus légère que celle des autres rapaces, puis elle est blanche à l'intérieur tandis que celle des buses est d'un vert plus ou moins foncé. Les œufs du faucon-pèlerin ont ordinairement 0ᵐ 054 de longueur et 0ᵐ 040 de diamètre. L'aire de ce rapace est confiée aux anfractuosités des rochers ou aux buissons touffus qui se trouvent sur le versant des montagnes exposées au midi. Le faucon pèlerin, comme tous les oiseaux dont quelques couples nichent indifféremment dans les forêts ou sur les montagnes, varie dans le temps de sa ponte. Ceux qui choisissent les rochers escarpés pour y élever leurs petits, pondent presque toujours un mois plus tard que ceux qui nichent dans les forêts. Le vol du pèlerin est si puissant qu'il visite chaque année presque toutes les contrées de l'Europe. Plusieurs fois, depuis 1850, quelques-uns de ces rapaces se sont arrêtés sur la tour de la Trinité et sur les flèches de la cathédrale, pour y séjourner pendant plusieurs jours. De ces points culminants ils se précipitaient sur les pigeons qui voltigeaient autour des maisons de la ville, les enlevaient avec la rapidité de l'éclair et les mangeaient après les avoir plumés à loisir, malgré les cris des curieux, témoins de ce spectacle.

FAUCON HOBEREAU. — *Falco subbuteo.*

L'épithète donnée à ce rapace peut venir du vieux mot français hober, voyager souvent, gêner ses voisins, ou de hobe, oiseau de proie du genre milan, d'où hobereau, petit milan ; ce faucon chasse souvent et son voisinage est peu agréable à bien des oiseaux. C'est lui qui avait donné son nom aux petits seigneurs du moyen-âge, désignés sous le nom de hobereaux, parce qu'ils étaient les tyrans de leurs voisins ou de leur serfs. Quelques auteurs pensent que l'on avait appelé ainsi les seigneurs qui, n'ayant pas les ressources nécessaires pour avoir une fauconnerie complète, se bornaient à élever quelques hobereaux qu'ils portaient sur le poing. *Subbuteo* signifie soubuse, nom donné autrefois à un certain nombre de rapaces, mal classés, mal déterminés ; était-ce parce que ces oiseaux sont inférieurs à la buse par les dimensions de leur taille et par la puissance de leur voix ? Quoiqu'il en soit, le hobereau l'emporte sur la buse par l'énergie et le courage. Ce rapace paraît ne pas connaître et ne pas craindre l'effet des armes à feu. Quand il aperçoit un chasseur accompagné de son chien, il le suit ou le précède, saisit le gibier que le chien a fait lever soit avant qu'il ait été tiré, soit après, et souvent il presse avec une telle ardeur la proie que le chien a lancée, que le chasseur abat d'un même coup de fusil le hobereau et sa victime. Ce faucon, que l'on confond quelquefois avec l'émerillon, s'en distingue par des proportions plus fortes, une moustache plus prononcée, des ailes plus longues et la couleur des plumes du ventre qui sont blanchâtres chez le hobereau et de couleur fauve chez l'émerillon. Le hobereau pond dans le mois de mai quatre ou cinq œufs d'un blanc sale pointillé de rouge et de petites taches noirâtres ou olivâtres qui forment quelquefois une couronne vers le gros bout. Ces œufs sont un peu plus oblongs que ceux des autres faucons et ont ordinairement 0^m 035 de longueur et 0^m 027 de diamètre. L'aire de ce rapace est construite comme celle du pèlerin, mais il la confie à la cîme des arbres les plus élevés. Quelques-uns de ces nids ont été trouvés en Anjou, et j'ai reçu cette année des œufs de hobereau dénichés dans la forêt de Brissac.

Faucon Émerillon. — *Falco Æsalon.*

Le mot émerillon vient de l'italien *smerglione*, en ajoutant une devant, comme espérance de speranza et épervier, espervier de sparvarius. Etant formé d'une particule et d'un nom qui signifie merle, il ferait connaître que ce faucon chasse les merles. Dans cette hypothèse, le mot émerillon conviendrait encore beaucoup mieux à l'épervier que les gens de la campagne, appellent dans leur langue expressive, *fesse-merle.* Le faucon hobereau est désigné en italien par le mot *smerlo* qui a la même signification. Le mot savant Æsalon de αει, αι, toujours et σαλευω agiter, la racine σαλος mer, indique d'une manière expressive les mouvements incessants et rapides de ce rapace. Mais la véritable racine est αιθαλος noirci par le feu, dont le principe est αιθω, brûler. Cette dénomination convient à l'émerillon sous ce double rapport. Il est très ardent dans la chasse, il brûle, il dévore sa proie ; quant à son plumage d'un jaune noirâtre il semble avoir été noirci par la fumée. Dans plusieurs ornithologies on le nomme *Rochier* et *Litofalco*, faucon des rochers, parce qu'il aime à construire son aire dans les fentes des rochers des régions froides et boisées du nord de la Russie. L'émerillon, par sa légèreté et ses formes gracieuses, était recherché des jeunes pages et des dames qui accompagnaient les seigneurs dans leurs chasses. Ce petit rapace a un vol très rapide et l'on cite un fait remarquable de sa puissance. Un émerillon appartenant à Henri II, s'emporta après une canepetière dans une chasse aux environs de Paris, et fut pris le lendemain dans l'île de Malte où il fut reconnu à l'anneau royal qu'il portait au tarse. La femelle de cette espèce n'est guère plus grosse que le mâle ; elle pond vers le mois de mai, dans un nid suspendu à la cîme des arbres, cinq ou six œufs moins gros que ceux du hobereau, plus ronds et d'un rouge pâle parsemé de taches d'une couleur plus foncée.

FAUCON A PIEDS ROUGES, KOBEZ. — *Falco rufipes.*

Ce faucon, un des plus petits et un des plus gracieux du genre, doit son nom à la couleur des pieds du mâle. L'adjectif *vespertinus*, sous lequel il est classé dans plusieurs musées, peut lui avoir été donné à cause de la couleur des plumes du mâle qui sont d'un noir pâle et sombre comme les premières ténèbres de la nuit, ou à cause de son habitude à rechercher les endroits les plus obscurs des forêts pour se cacher sous le feuillage et y guetter sa proie. Cet oiseau niche dans le nord de la Russie, et dépose dans une aire placée à l'extrémité des arbres, trois ou cinq œufs un peu plus petits que ceux de l'émerillon et dont le fond plus blanc est parsemé de petits points rouges. L'épithète de *kober* ou *kobez* sous laquelle ce rapace est connu généralement, est le nom populaire qui lui est donné en Russie où il est très commun. Ce faucon visite très rarement l'Anjou.

FAUCON CRESSERELLE. — *Falco tinnunculus.*

Le nom de cresserelle vient de κρὶξ, κρίκος, criard, et désigne le rapace dont la voix a quelque chose de strident et de répété, assez semblable au son de l'instrument qui, dans les communautés, remplace les cloches aux jours de deuil. *Tinnunculus* peut dériver de τινάσσω, darder, agiter et ὄνυξ, ongle. Cette étymologie serait alors fondée sur une habitude particulière à ce faucon qui, pour chasser sa proie, s'élève à des hauteurs prodigieuses, se soutient en l'air sans changer de place, en agitant ses ailes et ses serres avec une très grande rapidité jusqu'à ce qu'il ait aperçu une victime. Alors il se laisse tomber avec la rapidité de la flèche pour se relever perpendiculairement en emportant sa proie dans ses serres. Une autre explication peut-être plus naturelle ferait dériver *tinnunculus* de *tenuis*, petit, faible, et *uncus*, crochet, serres; étymologie que confirmeraient la terminaison *ulus*, qui indique presque toujours un diminutif, et la nature de ce faucon qui. sous le double rapport du bec et des serres, est le moins bien armé de tous les faucons proprement dits. Enfin tinnunculus vient peut-être de *tinnulus* qui signifie clair, dès-lors ce mot pourrait s'appliquer à la cresserelle parce que son plumage est moins foncé que celui des autres faucons ou plutôt parce qu'elle fait entendre un cri perçant et clair : *vocem reddit tenuem et tinnulam.* Ce rapace, autrefois très commun en Anjou, est devenu rare à cause de la guerre incessante qu'on lui fait. Il niche ordinairement dans les vieilles masures, surtout lorsque l'ouverture des crevasses est dérobée aux regards par des festons de lierre; d'autres fois il choisit quelque vieux nid abandonné par les pies ou les corneilles. Souvent un couple revient plusieurs années de suite dans le même nid. Les œufs, au nombre de cinq à sept, sont déposés sur des débris de racines, de mousse ou de feuilles desséchées, et ont 0ᵐ 035 de longueur et 0ᵐ 026 de diamètre. Leur couleur d'un rouge plus ou moins foncé est striée de taches d'un brun rougeâtre. Les œufs des jeunes femelles sont moins chargés de taches et d'une couleur plus pâle que ceux des vieilles. Quelques uns sont blancs, d'autres couleur isabelle.

La cresserelle vit moins solitaire que ses congénères, et il n'est pas rare de voir quatre ou cinq couples composer, en quelque sorte, une petite société dont les membres vivent en bonne intelligence et se soutiennent mutuellement dans leurs chasses et à l'approche du danger.

Le troisième genre des Rapaces diurnes comprend les aigles qui se distinguent des autres oiseaux de proie par leur tête aplatie, le bec droit dont la mandibule supérieure est plus longue que l'inférieure et très recourbée à son extrémité. Les aigles tiennent le premier rang parmi les rapaces par leur force musculaire, leur énergie et la puissance de leurs serres. Ils vivent tous de proie vivante, dédaignent les insultes des oiseaux plus petits qu'eux, enlèvent dans leurs serres les victimes qu'ils ont choisies pour les dépécer sur les rochers escarpés. Quand leur proie est trop pesante, ils la mangent sur place en abandonnant les débris aux autres rapaces. Quelquefois ils l'enlèvent dans leurs serres pour la laisser retomber sur les montagnes, afin de la briser et de l'emporter ensuite avec plus de facilité et moins de résistance. Leur aire est composée de perches de 1^m 50 à 2 mètres de longueur, recouvertes de plusieurs couches de racines et de mousse grossière. Ces perches sont appuyées par leurs extrémités sur les rochers dans un lieu sec et inaccessible. Ce nid n'est abrité que par l'avancement des parties supérieures du rocher. Quelques-uns de ces rapaces nichent à la cîme des arbres, dans les buissons touffus suspendus aux flancs escarpés des montagnes, ou enfin au milieu des roseaux des marais impraticables. L'aire des aigles sert au même couple pendant un grand nombre d'années. C'est dans ces nids que les femelles pondent un, deux ou trois œufs, et une seule fois par an. Cinq, sept et même dix jours s'écoulent entre la ponte de chacun de ces œufs. Le plus souvent un seul est fécond. La Providence a limité le nombre de ces terribles rapaces dans leur intérêt et dans celui de la propagation des autres oiseaux. Plus nombreux, les aigles exerceraient trop de ravages et ne pourraient se procurer assez de victimes pour leur subsistance. Ordinairement, quand deux œufs se sont trouvés féconds, on n'aperçoit qu'un seul aiglon vivant, l'autre a été tué par le mâle et est étendu sans vie sur le bord du nid. Ce n'est pas un motif de cruauté qui a poussé l'aigle à immoler son petit, mais l'impossibilité dans laquelle il s'était trouvé de pouvoir suffire à en nourrir plusieurs. Les aiglons restent en effet dans leur nid jusqu'à ce qu'ils soient assez forts pour vivre de leur propre chasse, et plusieurs faits arrivés dans les Alpes et dans les Pyrénées, ont démontré la grande quantité de victimes que ces jeunes rapaces absorbaient. Des familles entières ont vécu pendant trois ou quatre semaines des plus belles pièces de gibier qu'un montagnard hardi allait chaque jour, au moyen d'une corde nouée, chercher dans l'aire de ces infatigables chasseurs. Quand l'aiglon abandonne son nid, la femelle l'accompagne pendant quelque temps pour le protéger, et bientôt elle rejoint le mâle afin de chasser avec lui, après avoir toutefois éloigné son petit, même par la force. Tous deux ne laissent aucun autre aigle pénétrer dans le canton qu'ils ont choisi. L'un se tient dans un lieu élevé tandis que l'autre bat la campagne. Presque toujours dans leurs courses ils partent et reviennent à la même heure, parcourant la même route; on a pu constater cette habitude dans les deux couples de balbuzards qui ont séjourné cette année, pendant plusieurs mois, dans l'espace compris entre Bouchemaine et Écoufflant, qui était le théâtre de leur pêche abondante. Une vieille femelle appartenant à un de ces couples, a été tuée par M. Garin. C'est cette habitude qui permet aux chasseurs de se placer en embuscade et de les faire tomber sous leurs balles. Les aigles chassent le plus souvent le matin et le soir, et se reposent pendant le milieu du jour. Ils s'élèvent à des hauteurs prodigieuses sans être gênés par les rayons du soleil dont ils diminuent l'éclat au moyen d'une deuxième paupière transparente qu'ils abaissent ou relèvent à volonté. C'est cette puissance de vol et cette faculté de supporter la lumière qui ont donné lieu à toutes les fables de la mythologie et procuré à ces rapaces l'honneur d'être consacrés à Jupiter et de porter ses foudres. L'un deux, le balbuzard, a même été appelé Pandion, πᾶς, tout, δῖος, de Jupiter, orné de tous les dons de Jupiter; ce nom rappelle aussi les malheurs du roi d'Athènes dont les filles, Progné et Philomèle, furent métamorphosées en hirondelle et en rossignol. Les aigles vivent très longtemps et blanchissent en vieillissant ou même par les maladies ou par une longue diète.

Six espèces d'aigles se sont montrées en Anjou.

AIGLE BONNELLI. — *Falco Bonnelli.*

Le mot aigle est la traduction du mot latin *aquila*, qui lui-même peut être considéré comme un adjectif ajouté à *avis* ou à *falco*. Dans cette hypothèse il signifierait, d'après son sens ordinaire, faucon brun et, selon Robert Étienne, faucon noir et mélangé de blanc, définition la plus exacte qui puisse s'appliquer à tous ces rapaces. L'aigle Bonnelli porte le nom du savant professeur piémontais. Il a été décrit pour la première fois par le chevalier de La Marmora. Celui-ci l'avait tué dans les montagnes de la Sardaigne. Cet accipitrin se distingue des autres aigles par la couleur des plumes du ventre, d'une couleur de rouille striée de petites taches noirâtres en forme de larmes; par la petitesse de son bec, la force de ses serres et enfin la longueur de son tarse couvert jusqu'aux doigts d'un poil fin. Le plumage du ventre blanchit à mesure que l'oiseau devient plus adulte et les taches diminuent de grandeur et finissent par s'effacer presque entièrement. Le Bonnelli habite quelques contrées méridionales de l'Europe; un jeune mâle de cette espèce a été tué dans la forêt de M. le comte Walsh de Serrant. Cet aigle suspend son aire aux crevasses des rochers, pond un ou deux œufs de 0ᵐ 068 de longueur et 0ᵐ 056 de diamètre; ils sont ordinairement d'un blanc sale ou d'un brun rougeâtre plus ou moins pâle, avec des taches effacées et formant des marbrures ou une deuxième couche irrégulière et plus foncée. Cet aigle est appelé souvent *fasciata* ou à queue barrée, parce que sa queue est marquée en dessous de neuf à dix bandes transversales.

AIGLE CRIARD. — *Falco nævius.*

Cet aigle doit son nom vulgaire aux cris plaintifs qu'il pousse pendant ses chasses et même quand il est perché. Les épithètes *planga*, *clanga*, constatent la même habitude. On l'appelle aussi *anataria* à cause de sa prédilection pour la chasse aux canards. Les noms scientifiques *nævius*, *maculatus*, font allusion à son plumage d'un brun obscur et marqueté sur les jambes et sous les ailes de taches blanches. Il a aussi sous la gorge une grande zône blanchâtre. Cet aigle voyage quelquefois par bandes de quatre à six individus. Sa présence a été constatée plusieurs fois en Anjou, pendant l'hiver. Il suivait les bandes de canards ou d'oies sauvages qui lui fournissent une copieuse nourriture. Cet aigle pond deux ou trois œufs qui varient beaucoup quant à la grosseur, la couleur et l'abondance des taches ou des raies. Ils ont le plus souvent 0ᵐ 064 de longueur et 0ᵐ 056 de diamètre. Quelques uns sont d'un blanc sale tacheté de gris, de violet ou de jaune effacé; d'autres ressemblent à ceux de la buse ordinaire, mais sont plus gros et portent des taches plus foncées qui forment une couronne vers le gros bout. La couleur verdâtre de l'intérieur de la coquille, commune aux buses et aux aigles, ne peut servir à les distinguer. D'après les études des naturalistes modernes, on distingue maintenant l'aigle criard, *Falco clanga*, et l'aigle tacheté, *Falco nævius*. Ce dernier est plus petit que le précédent.

AIGLE BOTTÉ. — *Falco pennatus.*

Cet aigle très petit et très gracieux doit ses deux noms à ses tarses emplumés jusqu'aux doigts. Plusieurs couples ont habité l'Anjou et niché à la cîme des forêts de Baugé et d'Ombrée, près Combrée. Ce rapace a souvent été pris pour la buse pattue, mais en dehors des signes caractéristiques des aigles, il s'en distingue encore par un bouquet de plumes blanches à l'insertion des ailes et par la couleur brune de sa queue ; celle de la buse pattue est blanche. Les œufs de l'aigle botté ont 0^m056 de longueur et 0^m042 de diamètre. Leur couleur est d'un blanc sale sur lequel se remarquent quelquefois des taches irrégulières et presque effacées d'un vert ou d'un jaune très pâle. Quelques-uns sont parsemés de taches violettes, effacées et fondues dans la nuance blanchâtre de la coquille. Ils diffèrent de ceux de l'autour et de la buse commune par le grain de la coquille qui est couverte de petites aspérités.

Aigle pygargue. — *Aquila albicilla*.

Quelques naturalistes ont voulu séparer les pygargues des aigles proprement dits, mais leur opinion n'a pas été adoptée généralement. Cependant les pygargues se distinguent des aigles purs par leurs jambes nues, leur bec blanc ou jaune et par les lieux qu'ils fréquentent ordinairement. Ils n'habitent ni les lieux déserts, ni les hautes montagnes. Le nom de pygargue est formé de πυγη, fesse, queue et αργη, blanche, nom qui lui convient très bien, parce que cet aigle a les plumes de la queue d'un blanc pur quand il est adulte. On l'appelle *albicilla* de *album* blanc et *cilium* cil ; ses cils sont en effet d'un blanc très prononcé. Buffon le nomme aussi Orfraie, *ossifraga*, qui brise les os, pour indiquer la puissance de son bec. Les anciens le désignaient sous le nom de *hinnularia*, de *hinnulus*, faon, parce qu'ils pensaient que cet aigle était assez fort pour attaquer les jeunes daims et les jeunes chevreuils. Sur les bords de la mer, le pygargue se précipite avec une telle rapidité sur les phoques, qu'il devient la victime de sa voracité. Ses serres se trouvent engagées dans la peau des phoques qui le noient en entraînant au fond de la mer leur terrible adversaire. Cet accipitrin paraît en Maine et Loire de temps en temps ; il y vit principalement de poissons et canards. Ses œufs d'un blanc sale sont quelquefois parsemés de taches de rouille plus ou moins prononcées ; leur coquille est assez lisse, particularité qui les distingue de ceux de Jean-le-blanc auxquels ils ressemblent souvent pour la grosseur et même pour la forme, mais qui sont couverts de petites aspérités. Ils ont 0^m068 de longueur et 0^m054 de diamètre.

Aigle balbuzard. — *Aquila haliæta.*

Le mot balbuzard est composé des deux mots anglais bald-buzzard : bald-chauve et buzard, aigle, oiseau de proie chauve. Cette dénomination est fondée sur quelques caractères de ce rapace. Il a la tête très aplatie et recouverte de petites plumes effilées et blanchâtres à nervures noires et bordées, selon l'âge des sujets, d'un blanc roussâtre. Ces plumes représentent une aigrette, une petite perruque blanche repliée sur un fond noirâtre. L'épithète *haliætus* αλς, αλος, mer, αλιος, marin et αετος, aigle, indique les habitudes de cet oiseau qui vit presque exclusivement de gros poissons qu'il saisit en se précipitant dans l'eau avec une telle rapidité que ses serres et la moitié de son corps y pénètrent ordinairement. Ses pieds, couverts de fortes écailles, servent à retenir sa proie dans l'eau en l'empêchant de glisser entre ses serres. Il vit aussi d'oiseaux aquatiques. On l'appelle quelquefois *fluvialis*, parce qu'il aime à suivre le cours des fleuves dans ses chasses. Les ailes du balbuzard sont très longues et son vol très rapide. Il visite assez régulièrement l'Anjou, accompagnant dans leurs émigrations les oies et les canards sauvages. Il niche dans les marais impénétrables ou sur les rochers voisins de la mer, ou enfin à la cîme des arbres. Ses œufs ont 0ᵐ 056 de longueur et 0ᵐ 042 de diamètre et sont d'un blanc jaunâtre, parsemés de taches rougeâtres dont le centre est plus foncé que les bords ; ces taches font quelquefois une seconde couche presque compacte ; d'autres fois elles sont rares et se réunissent en couronne vers le gros bout ; enfin quelques-uns de ces œufs ne portent aucune tache et leur coquille semble veloutée ou couverte d'une couche de lait.

Aigle jean-le-blanc. — *Aquila brachycdactyla, gallica.*

Ce rapace, ainsi que le précédent, a été longtemps éloigné du genre des aigles dont il n'a pas toute la grâce et l'énergie. Cependant il en possède les caractères généraux et dès-lors il doit rester dans cette catégorie, afin de ne pas multiplier les divisions qui ne servent qu'à entraver l'étude de l'ornithologie. De face il ressemble à l'aigle, et de côté à la buse ; son cou est très court et sa tête très épaisse. Il doit son nom vulgaire Jean-le-blanc aux gens de la campagne dont il visite souvent la basse-cour, et qui l'appelèrent *Maître-Jean*, parce qu'il venait exercer sans leur consentement les droits de grand seigneur et choisir à son gré les plus belles pièces parmi leurs volailles.

Puis, comme Maître-Jean avait le ventre fauve et de couleur blanchâtre, il fut désigné sous le nom de Jean-le-blanc. Son nom scientifique *brachycdatylus* (βραχυς, court et δακτυλος, doigt), indique que ses doigts sont beaucoup plus courts que ceux des autres aigles. L'épithète *gallica* fait connaître que cet aigle est commun en France. Il vit de volailles, de lézards et de serpents; aussi ses doigts sont-ils couverts de fortes écailles, comme préservatifs contre les reptiles qu'il dévore. Cet aigle dont chaque année quelques couples nichent en Anjou, pond un ou deux œufs d'une grosseur presque démesurée, affectant ordinairement la forme ronde ; ils sont d'un gris blanchâtre sur lequel se trouve quelquefois des taches d'un jaune sale presque effacé. Leur longueur ordinaire est de 0^m 068 et leur diamètre 0^m 056.

La quatrième division de ces rapaces diurnes comprend les autours. Plusieurs naturalistes ne renferment dans ce genre que l'autour proprement dit ; quelques-uns l'étendent à l'épervier.

L'autour se distingue des autres rapaces par son bec qui n'est pas échancré comme celui des faucons, ni crochu comme celui des aigles; par la longueur de ses tarses, la petitesse de ses ailes qui ne couvrent que les deux tiers de sa queue, enfin par quelques raies parallèles dans le sens de la longueur de la queue. La tête de l'autour est grosse et aplatie en avant. Tous ces caractères conviennent à l'épervier qui a la queue coupée carrément, tandis que celle de l'autour est arrondie.

Autour. — *Astur palumbarius.*

Le nom d'autour me paraît attacher à cet oiseau une idée de ruse qui est confirmée par le mot latin *astur*, de *astus*, rusé, dont la racine primitive est αστυ, ville; étymologie fondée sur l'opinion des anciens qui pensaient que le séjour des villes était plus éloigné de la simplicité que celui de la campagne. Cette explication s'appuie sur le caractère de l'autour, moins courageux, mais aussi adroit que les faucons. Ce rapace se tient en embuscade sur la lisière des bois ou sur une motte de terre, le long des haies ; c'est de la qu'il poursuit sa proie par un vol toujours oblique et cependant assez vif. Souvent il rase la terre, en décrivant des circuits autour des champs dans lesquels il espère découvrir une proie. Quand il l'aperçoit, il l'attaque rarement de front. L'adjectif *palumbarius*, de *palumbus*, ramier, indique le goût de l'autour pour les pigeons qu'il paraît chasser de préférence. La beauté de ce rapace l'avait fait rechercher pour la chasse, mais il ne fut jamais classé dans la catégorie des oiseaux nobles. Il fut même généralement délaissé à cause de son caractère sanguinaire qui le porte à tuer les oiseaux renfermés avec lui. L'autour est sédentaire en Anjou, il établit son nid dans les forêts à une hauteur moyenne. Ce nid plat, assez solide, mais peu façonné, est composé de petites branches, de feuilles desséchées et de mousse. Il contient ordinairement trois ou quatre œufs d'un blanc pâle et d'une légère teinte bleuâtre; ils peuvent facilement être confondus avec ceux du héron cendré. Ces œufs ont 0^m 054 de longueur et 0^m 040 de diamètre.

AUTOUR OU FAUCON ÉPERVIER. — *Falco sparvarius, nisus.*

L'adjectif épervier dérive du vieux mot *sparvarius*, qui signifie oiseau de rapine, et c'est encore sous ce nom qu'il est désigné dans un grand nombre de musées et de catalogues. Son nom scientifique est fondé sur un fait mythologique. Nisus, roi de Mégare, avait un cheveu d'or auquel était attachée la conservation de son royaume. Scylla, sa fille, éprise de Minos, coupa ce cheveu d'or et livra sa patrie et son père sans défense. Les dieux irrités changèrent Scylla en alouette et Nisus en épervier. Sous cette forme, le malheureux père poursuit sans cesse sa fille pour assouvir sa vengeance. Autour peut dériver aussi de *astur, asturcus, asterias,* mots employés par Pline pour désigner ce rapace. Cette dernière dénomination *asterias,* étoilé, peint d'une manière frappante le plumage de l'autour. Quelques-uns pensent que ce nom lui vient des Asturies où il est très commun.

L'épervier confie à la cîme des arbres un nid construit d'une manière grossière comme celui de l'autour; assez souvent il pond dans les nids abandonnés de pie ou de corneille, de cinq à sept œufs arrondis, longs de 0^m 040 et de 0^m 032 de diamètre. Ils ont le fond blanchâtre ou bleuâtre, parsemé de taches d'un rouge noir. Les uns sont presque entièrement couverts de ces taches, d'autres en ont très peu, quelques-uns sont d'un blanc pâle et uniforme; enfin on remarque sur certains de ces œufs des taches très fortes, en forme de couronne, vers le gros bout; chez d'autres ces taches paraissent semées en zig-zag.

Les milans forment le cinquième genre de l'ordre des Accipitrins. Ils ont pour signes caractéristiques, un bec très faible, crochu dès la base, les tarses emplumés au-dessous du genou, les ailes étroites et très longues, ainsi que la queue qui est fourchue.

MILAN ROYAL. — *Falco milvus. regalis.*

Milan est la traduction de *miluus* pour *milvus*, qui signifie oiseau de proie, et selon Plaute, voleur de bas étage. Cette signification convient parfaitement au milan. Ce rapace est vorace, insatiable, vivant de tout, dévorant les insectes, les reptiles, les mammifères, les oiseaux sans défense, les animaux et les poissons en putréfaction. Il se précipite sur tout, vole tout, pourvu qu'il n'y ait pas le moindre danger à courir. A la vue du plus petit rapace, il abandonne sa proie et s'éloigne avec la rapidité de la flèche. C'est par cette puissance de vol et sa vue très perçante que le milan échappe à ses nombreux ennemis. Quoiqu'il ne pèse qu'un kilogramme, il a plus d'un mètre cinquante d'envergure. A la crainte du premier danger, il s'élève bien au-dessus de ses adversaires et, à une hauteur de quatre kilomètres, il distingue les plus petits oiseaux et les reptiles cachés sous l'herbe des prairies. Il tombe sur sa proie avec la rapidité de la foudre, pour fuir ensuite avec la même vitesse. Le milan ne chasse près des fermes que le matin, et dès que le danger peut apparaître il s'éloigne pour continuer ses courses loin de la demeure des hommes. Dans les temps de la fauconnerie il servait aux délassements de nos rois, et c'est ce privilège qui lui a mérité le surnom de *royal*. Les princes aimaient à assister à des luttes entre les oiseaux de proie, et le milan était toujours choisi pour figurer dans le combat à cause de la beauté de son vol. Ce don que la Providence lui a départi avec tant de générosité, servait à prolonger le combat et à le rendre plus intéressant ; mais le milan succombait toujours sous les serres du plus petit faucon et même de l'épervier. Le milan royal passe sa vie dans l'air ; il semble y glisser en conservant ses ailes immobiles et en se servant de sa large queue comme d'un gouvernail. On a vu dans la grâce de son vol l'origine de son nom : *Milvus : quod de molli volatu dicitur.* Selon quelques-uns le nom milan était fondé sur une croyance populaire qui accordait à cet oiseau une très longue vie, une existence de mille ans. Ce rapace est sédentaire en Anjou. Il construit son nid à la cîme des arbres. Cette aire est grossièrement façonnée ; dans les pays de montagnes, il la confie aux buissons suspendus aux flancs des rochers. Les œufs, dont le nombre varie de trois à quatre, sont ordinairement oblongs, d'un blanc sale, et portent à une des extrémités une couronne de petits points noirs, plus ou moins multipliés. Quelquefois ces œufs ont un côté beaucoup plus pointu que l'autre et portent des taches noirâtres ou violettes qui ressemblent à des gouttes étendues avec le doigt. Leur longueur moyenne est de 0ᵐ 056 et leur diamètre de 0ᵐ 042. Ils se distinguent de ceux des buses ordinaires par leurs dimensions régulièrement plus petites et par la nature de leurs taches.

MILAN NOIR, PARASITE. — *Falco ater*.

Ce milan doit son premier nom à la couleur de ses plumes; le deuxième, dérivé de παρα, proche et τιτος, blé, qui vit aux dépens des voisins, est une dénomination qui pourrait convenir à beaucoup d'autres. Des études récentes ont démontré que le rapace connu ordinairement sous le nom de milan noir ou parasite, constituait deux espèces distinctes. Le milan noir a le bec noir et la queue peu fourchue. Le parasite a le bec jaune, sa queue est longue et fourchue; son doigt externe dépasse de beaucoup le milieu du doigt médian; enfin son plumage est d'une couleur plus claire en dessus et plus rousse en dessous que celui du milan noir. Aristote appelait ce dernier Italien, parce qu'il était très commun en Italie. Plus petit et plus courageux que le milan royal, le milan noir préfère le poisson à tout autre nourriture. Il détruit beaucoup de serpents et choisit ordinairement pour lieu de résidence les bois situés près des étangs. C'est à la cîme de ces bois qu'il construit son nid comme son congénère. Quelquefois il profite d'une aire abandonnée pour s'y établir. Son vol est moins élevé que celui du milan royal. Ses œufs, au nombre de deux ou trois, ont 0ᵐ 05 de longueur et 0ᵐ 04 de diamètre; quelques-uns sont d'un blanc jaunâtre sans aucune tache, d'autres d'un blanc bleuâtre avec des taches plus ou moins nombreuses, mais cependant toujours plus multipliées que celles du milan royal.

Le sixième genre des Accipitrins est consacré aux buses que l'on reconnaît à leur cou très court, leur tête large, leur corps trapu, leurs tarses forts et très peu allongés. Ces oiseaux ont la vue peu étendue, défaut qui, joint à leur manière d'être, les a fait regarder comme peu intelligents et a converti leur nom en une épithète peu flatteuse. Les buses ne saisissent presque jamais leur proie à tire d'ailes ; elles se tiennent immobiles sur un sillon ou sur une branche d'arbre pendant des journées entières, jusqu'à ce qu'elles aperçoivent une proie facile sur laquelle elles se précipitent avec rapidité.

La Faune de Maine et Loire comprend trois espèces de ces rapaces.

Buse bondrée. — *Falco apivorus.*

Le nom de buse vient de *buteo*, *butio* qui dérive lui-même de βυσσω, βυζω, crier, et convient à ces accipitrins dont la voix est forte et désagréable. L'épithète bondrée est fondée probablement sur une habitude propre à cette buse. Elle saute de branche en branche, de sillon en sillon, comme les pies, sans se servir de ses ailes, elle *piéte* et court comme les oiseaux de basse-cour, elle se tient dans le voisinage de l'eau et poursuit par *bonds* les reptiles ou les insectes qui fuient devant elle. Cette dénomination peut dériver de *ponderata*, qui signifie lourde, pesante, parce que ce rapace devient excessivement gras pendant l'hiver. L'adjectif *apivorus* indique que cette buse aime beaucoup les abeilles, les guêpes et les chrysalides qui lui servent à nourrir ses petits. Elle se distingue de ses congénères par sa tête moins grosse et d'un gris cendré qui tourne au bleuâtre. La buse bondrée présente de très belles variétés dont quelques-unes pourraient être confondues avec l'aigle botté. Un signe certain auquel on peut toujours la reconnaître, c'est le bouquet de petites plumes fines qui remplit, chez cette buse, l'espace compris entre l'œil et la base du bec, et qui n'existe jamais chez les aigles, ni chez les autres buses. Elle fait dans les forêts un nid avec quelques morceaux de bois, recouverts de racines, de feuilles desséchées ou de mousse grossière. Quelquefois elle pond dans un vieux nid de corneille ou de pie, deux ou trois œufs un peu arrondis, parsemés de taches rouges si multipliées qu'elles se fondent ensemble pour représenter une couleur uniforme et pour voiler entièrement le blanc sale de la coquille sur laquelle elles sont étendues. Ces œufs ressemblent à ceux que les enfants appellent, dans notre pays, œufs de Pâques. Quelques-uns sont d'un blanc d'ivoire, moucheté de larges taches d'un rouge de brique. D'autres ont une couleur chocolat, uniforme, paraissant formée de deux couches, dont la première est plus foncée que la seconde. Enfin on en trouve dont le fond de la coquille est d'un blanc jaune, strié de petits points rouges qui se réunissent quelquefois vers le gros bout pour former une espèce de calotte. Les uns sont entièrement ronds, d'autres oblongs ou piriformes. Ils ont 0^m 051 de longueur et 0^m 042 de diamètre.

Buse commune ou variable. -- *Falco* ou *Buteo variabilis.*

Cette buse a donné lieu à bien des erreurs dans la classification des oiseaux, à cause de la particularité à laquelle elle doit son nom. Tous les sujets de cette espèce varient de couleur, ils vont du noir au blanc en présentant toutes les nuances intermédiaires. Des naturalistes qui avaient pris plaisir à réunir des buses, en offraient une collection de 45 à 50, sur lesquelles on n'en trouvait pas deux de même couleur et de même grosseur. On l'appelle commune, parce qu'elle est bien plus répandue que les deux autres espèces ; elle porte aussi le nom de buse à poitrine barrée à cause des taches qui semblent former sur sa poitrine des raies assez régulières. La buse variable niche comme la précédente. Ses œufs, au nombre de deux ou trois, sont oblongs, d'un blanc sale avec des taches d'un gris brun ou jaunâtre plus ou moins nombreuses vers le gros bout. Leur longueur est de 0^m 052 et leur diamètre de 0^m 042.

Buse patue. — *Falco* ou *Buteo lagopus.*

Les deux adjectifs qui désignent cette buse, indiquent son caractère distinctif ; patue et lagopède, à pieds gros, emplumés, velus comme ceux du lièvre. Ce rapace a les pieds emplumés jusqu'aux doigts (λαγώς, lièvre, et πους, ποδός, pieds de lièvre, pieds velus). Il vit ordinairement dans les forêts du Nord, pond deux ou trois œufs de la même grosseur que ceux de la buse commune, mais dont le fond est strié de taches d'un brun pâle ou violet semblables à des gouttes effacées. D'autres sont un peu plus petits et ne portent pas de taches. Cette buse est moins grosse et plus féroce que ses congénères, et n'a pas leur patience pour attendre sa proie.

Les buses qui sont poursuivies avec un acharnement incessant par quelques chasseurs, sont moins nuisibles au gibier qu'on ne le croit ordinairement ; elles rendent un service signalé à l'agriculture en détruisant un grand nombre de petits mammifères et de gros insectes qui sont le fléau des moissons.

Busards.

Les busards forment le septième et le dernier genre des rapaces diurnes. Ils s'éloignent des buses par leurs proportions beaucoup plus petites et plus sveltes ; par la longueur de leurs ailes et de leurs tarses entièrement nus, leur tête petite et leur cou assez dégagé. Leur nom peut dériver du mot anglais buzzard qui désigne un oiseau de proie, ou être un diminutif de buse, ou enfin signifier buse ardente, courageuse. Cette dernière étymologie ferait connaître le caractère de ces accipitrins dont le courage est très grand et l'ardeur incessante. Ils ne craignent pas de combattre et même d'attaquer les autres oiseaux de proie. Autant les buses paraissent pesantes et stupides, autant les busards ont de légèreté et de grâce. Leur vol autour des buissons et à travers les champs a quelque chose de celui de l'hirondelle et de la mouette ; dans leurs chasses ils paraissent prendre plaisir à se balancer en imprimant à leurs ailes un mouvement de bascule presque continuel. La Faune de l'Anjou compte trois busards.

Busard des marais ou Harpaye. — *Falco rufus* ou *Circus rufus.*

Le premier de ces noms a été donné à ce busard à cause des lieux qu'il affectionne. Ce rapace chasse sur les bords des étangs, des marais, où il vit d'oiseaux aquatiques, de grenouilles et de poissons. L'adjectif *harpaye*, du mot *harper*, ἁρπάζειν, ravir, ἁρπάγη, croc, instrument qui saisit fortement, qui enlève, peint très bien l'énergie de cet oiseau, vrai fléau des foulques et des poules d'eau. Le mot générique *circus* s'applique à tous les busards et rappelle un caractère spécial de ces accipitrins, le cercle ou demi-collier de plumes serrées qu'ils portent tous d'une manière plus ou moins sensible et qui s'étend du menton aux oreilles. L'épithète *rufus*, roux, représente la couleur des plumes de ce rapace désigné aussi par les adjectifs *suisse* et *œruginosus*, couleur de rouille. Les changements multipliés que ce busard subit dans les nuances de son plumage, selon l'âge et le sexe des individus, avaient engagé quelques naturalistes à multiplier des espèces abandonnées généralement comme non fondées sur des caractères positifs.

Le harpaye fait son nid d'une manière grossière dans les joncs des marais ou sur une petite éminence voisine de l'eau. Il y pond de trois à cinq œufs d'un blanc bleuâtre pâle, ordinairement sans taches; quand elles existent, elles semblent formées par une seconde couche irrégulière plus foncée que la première. Ces œufs ont 0ᵐ 048 à 0ᵐ 050 de longueur et 0ᵐ 036 a 0ᵐ 038 de diamètre. Tous ont une des extrémités plus grosse que l'autre.

BUSARD SAINT-MARTIN. — *Falco* ou *circus cyaneus*.

Ce busard doit son nom à l'époque à laquelle il a été observé à son passage en France, en automne, à la Saint-Martin. L'adjectif *cyaneus*, bleu gris , indique la couleur du plumage de cet oiseau. Le Saint-Martin est plus petit que le précédent et porte une collerette formée de plumes fines, pressées et de couleur d'un gris bleu pâle. Il niche à terre dans les joncs et les bois marécageux, pond quatre ou cinq œufs semblables à ceux du busard harpaye, mais un peu plus petits; quelques-uns sont parsemés d'un noir ou d'un roux foncé et ressemblent à de gros œufs d'épervier ; ils ont 0ᵐ 046 de longueur et 0ᵐ 036 de diamètre.

BUSARD MONTAGU. — *Falco circus* ou *cineraceus*.

Le Montagu porte le nom du savant naturaliste anglais , qui le premier fit connaître d'une manière précise les caractères établissant une distinction entre le Saint-Martin et celui-ci. L'épithète *cineraceus ,* cendré, constate la couleur du plumage de cet accipitrin. Le Montagu est plus petit que les deux précédents ; il se distingue du Saint-Martin par les ailes qui, dans celui-ci, couvrent la queue, tandis que dans le Montagu elles ne s'étendent qu'aux deux tiers. Les plumes des flancs et de l'abdomen du Montagu sont blanchâtres et portent des traits d'un roux de rouille. Ce rapace niche dans les bois ou les landes et pond quatre ou cinq œufs semblables, mais plus petits et un peu moins allongés que ceux du Saint-Martin. Cependant ils n'offrent pas les même variétés que ceux du précédent. Quelques-uns seulement sont pointillés de petites taches d'un noir pâle et presque effacé. Ils ont 0ᵐ 036 de longueur et 0ᵐ 032 de diamètre. Ainsi les œufs des trois espèces de busards ne diffèrent que par leur grosseur qui varie selon les proportions de l'oiseau.

Les vingt-neuf rapaces que je viens d'énumérer , et dont treize seulement sont sédentaires, forment la quinzième partie des oiseaux de la Faune de l'Anjou. Cette proportion est la même que celle qui existe dans l'ornithologie générale. Les carnassiers composent au contraire le tiers des mammifères. Mais afin de rétablir l'équilibre, les oiseaux l'emportent de beaucoup en nombre sur les quadrupèdes dans la chasse sur l'eau. Là on trouve une multitude d'oiseaux qui suppléent aux quadrupèdes que leur nature tient éloignés des rivières. Tous les oiseaux de cette dernière catégorie saisissent leurs nombreuses victimes avec un bec crochu et quelquefois dentelé. Ainsi la Providence a tout coordonné de manière à ce que les espèces pussent se propager sans dépasser de sages limites.

2e ORDRE. — GRIMPEURS.

Les naturalistes ont réuni sous le nom de Grimpeurs, non-seulement les oiseaux dont la vie est consacrée à monter le long des arbres pour chercher leur nourriture, mais encore ceux qui sont organisés de manière à pouvoir se cramponner à l'écorce des bois, le temps suffisant pour y saisir leur proie.

Les grimpeurs se distinguent des autres oiseaux par leurs doigts dont deux sont placés en avant et deux en arrière ; le quatrième est versatile.

PREMIÈRE FAMILLE.

Les Cuculides.

Le nom donné à cette première famille est la traduction de *cuculus*, coucou, mot formé dans les trois langues par l'imitation du chant des oiseaux qui la composent : κοκ, κυζ, *cuculus*, coucou.

COUCOU GRIS. — *Cuculus canorus*.

Les coucous appartiennent aux grimpeurs par leurs doigts dont les deux en avant sont réunis et les deux en arrière séparés. Ils s'éloignent des pics et du torcol par la langue qui n'est pas extensible.

L'épithète donnée à ce coucou est fondée sur les nuances de son plumage, et l'adjectif *canorus* sur le cri retentissant qu'il se plait à répéter dans les bois au commencement du printemps.

Les coucous ainsi que les pics et les oiseaux qui ne se nourrissent pas des biens de la terre, sont condamnés à vivre solitaires, moins par inclination que par nécessité. Ces oiseaux vivent d'insectes et surtout de chenilles velues qu'ils saisissent en se cramponnant aux arbres et même quelquefois aux pierres recouvertes de mousse ou de petites plantes rampantes. Ils avalent leur proie avec une grande voracité et rejettent après la déglutition la peau des chenilles roulée en pelotes. Les coucous vivent en polygamie. Les mâles sont beaucoup plus nombreux que les femelles. Celles-ci pondent de quatre à six œufs dans les nids des insectivores. Quand ces nids sont en rase campagne comme ceux des pipits, des alouettes, du proyer, etc., et que la mère se trouve sur ses œufs, la femelle du coucou décrit plusieurs circonférences à l'exemple des rapaces, finit par effrayer la couveuse et par l'éloigner pendant quelque temps. Libre alors de ses mouvements, elle s'établit sur le nid, pond un œuf et s'enfuit après avoir mangé un de ceux de l'oiseau auquel elle abandonne les soucis de la maternité. Quand l'ouverture du nid est défendue par des ronces et que la femelle du coucou ne peut en approcher facilement, elle pond à terre, saisit l'œuf dans son bec et va le déposer ensuite dans le berceau qu'elle a choisi. La femelle du coucou ne pond que dans les nids dont les œufs ne sont pas encore couvés. Est-ce pour s'assurer de leur état qu'elle mange un de ces œufs? Est-ce pour tromper plus facilement la pauvre mère? Cette dernière hypothèse paraît plus admissible que la première. On a constaté en effet que deux œufs avaient disparu des nids de rouge-gorge, de pipit, de proyer, etc., dans lesquels la femelle du coucou en avait pondu le même nombre. L'œuf déposé par le coucou est couvé avec soin par l'oiseau auquel il a été confié. Celui-ci ignore que son nid renferme l'ennemi de ses petits. En effet, si l'œuf du coucou éclot le premier, le petit jette hors du nid les autres œufs; s'il ne voit le jour qu'après les petits de la véritable mère, il ne tarde pas à les étouffer par ses mouvements brusques dans un nid beaucoup trop étroit pour le contenir. Resté seul, il devient pour son père et sa mère adoptifs, le sujet d'un travail incessant à cause de son extrême voracité. Quelquefois même il étouffe dans son large gosier le rouge-gorge qui a porté trop imprudemment dans l'intérieur du bec du coucou l'insecte capturé pour la nourriture de cet ingrat. Devenu un peu grand, le jeune coucou tombe naturellement du nid; ses parents nourriciers veillent à ses besoins pendant quelque temps et bientôt il vit de sa propre chasse en saisissant dans les buissons les insectes et les vermisseaux. Plus tard, il mangera des hannetons, puis de jeunes grenouilles et surtout les œufs et les petits nouvellement éclos. Ce dernier grief explique l'énergie et l'acharnement avec lesquels les coucous sont repoussés par tous les oiseaux dont ils visitent les couvées. La femelle du coucou met un intervalle de cinq à sept jours entre la ponte de chacun de ses œufs. Ceux-ci sont très petits par rapport à la grosseur de l'oiseau. Ils ont de 0^m 021 à 0^m 023 de longueur et de 0^m 014 à 0^m 016 de diamètre. Ces œufs varient beaucoup de teinte et de couleur, depuis le blanc verdâtre jusqu'au bleuâtre clair; ils sont parsemés de petits points bruns, noirs, gris, cendrés, violets ou de raies très légères. Quelques-uns ressemblent aux œufs du bruant-proyer, d'autres à ceux des alouettes cochevis et calandre. La Providence semble avoir permis cette variété afin que la femelle du coucou puisse tromper plus facilement les mères auxquelles elle confie ses œufs, en modifiant leurs couleurs selon les nids dans lesquels elle les dépose. C'est encore le même soin de la Providence qui la dirige dans le choix des nids des insectivores dont la nourriture est la seule qui convienne au jeune coucou. Cette habitude de pondre dans les nids étrangers est peut-être fondée sur l'instinct de la femelle qui dérobe ses œufs et ses petits à la voracité de leur père. Les Grecs auraient dû consacrer la femelle à Cybèle et le mâle à Saturne. Quelques naturalistes pensent que cette particularité repose sur l'incapacité de la femelle à couver ses œufs, à cause de son extrême maigreur, devenue proverbiale. Cette excessive maigreur dépend de la voracité de cet oiseau et du choix de ses aliments très peu nourrissants, qui exigent l'absorption d'une grande quantité d'insectes et un travail des intestins très pénible. Ceux-ci en effet reçoivent beaucoup et conservent peu. Enfin le temps mis entre la ponte de chaque œuf serait un motif très suffisant pour démontrer que la femelle ne peut couver ses œufs sans s'exposer à un travail d'incubation et d'éducation au-dessus de ses forces. Cet intervalle de temps est peut-être encore le résultat du travail fatigant de la digestion.

La polygamie qui brise les liens de la véritable famille parmi les hommes, ne serait-elle pas le vrai motif pour lequel la femelle du coucou abandonne à des étrangères l'éducation de ses petits?

Coucou roux. — *Cuculus hepaticus.*

Le plumage de cet oiseau est déterminé par les adjectifs roux et *hepaticus*. Celui-ci dérive de ἡπατικός, dont la racine est ἧπαρ, foie, de couleur jaune brun. Cette couleur constitue-t-elle une variété, une espèce? Est-elle simplement le résultat de la mue?

Ce coucou ne peut être une variété, car une variété qui se perpétue toujours de la même manière avec des teintes si différentes du type primitif ressemble bien à une espèce. L'opinion de ceux qui admettaient que le coucou roux était le mâle ou la femelle du coucou cendré, n'est pas fondée, car l'expérience a prouvé que des mâles et des femelles se trouvent dans les sujets des deux nuances. J'ai pu constater de nouveau cette vérité, sur un certain nombre de coucous que M. de Baracé avait eu la bienveillance de m'adresser cette année. Ceux qui pensent que le coucou roux est le coucou gris dans ses premières années, assuraient que les uns émigraient vers le nord et les autres vers le sud, qu'on ne trouve pas les uns et les autres dans la même localité, suivant la règle des oiseaux voyageurs dont les jeunes et les vieux visitent rarement ensemble les mêmes pays. Ce dernier sentiment ne peut plus être soutenu sérieusement. Chaque année, en Anjou et dans tous les pays de l'Europe, on rencontre les coucous émigrant ensemble avec les deux plumages très distincts et à l'état adulte. Malgré ces motifs, Lathée et M. Millet sont presque les seuls à soutenir que le coucou roux est une race distincte du coucou gris. Je pense que cette question doit encore être étudiée et qu'on peut fortifier la dernière opinion en faisant remarquer que si la différence de plumage est le résultat de la mue, on devrait trouver des traces du passage d'une couleur à l'autre ; que cette mue ne peut pas s'opérer instantanément, et que les partisans de l'opinion contraire devraient montrer des sujets roux n'ayant pas encore revêtu la livrée complète d'adulte. On ne voit pas ces sujets dans les musées, ni dans les collections particulières, et cependant ils devraient être très communs à cause du grand nombre de coucous. Enfin, comment expliquer la grande disproportion qui existe entre les dimensions des coucous gris et celles des coucous roux ? surtout lorsque généralement, dans les oiseaux, les petits atteignent à la fin de l'année la taille des adultes.

DEUXIÈME FAMILLE.

Les Proglosses.

La dénomination de proglosses, προ, en avant et γλῶσσα, langue, indique le caractère spécial de cette famille dont tous les individus ont une langue très longue et extensible.

PREMIER GENRE.

LE TORCOL. — *Yunx Torquilla.*

Yunx de *ιυγξ, υγγος,* signifiait, chez les Grecs, la bergeronnette, le torcol et les sortiléges. *Torquilla* peut avoir pour racine *torques* ou *torquis,* collier, et *yunx torquilla* signifierait alors le torcol à collier, dénomination très exacte. Le nom français indique les singulières habitudes de cet oiseau qui tourne la tête, le col d'une manière bizarre. Ce grimpeur met sa queue de côté, en éventail, donne à son corps les ondulations d'un reptile et paraît éprouver les convulsions d'un épileptique. Aussi inspire-t-il une telle frayeur à la plupart de ceux qui le prennent dans des filets, qu'ils préfèrent lui rendre la liberté que de le saisir. Ces mouvements si extraordinaires, conséquence d'un système nerveux très développé, sont attribués à un sentiment de crainte ou de surprise que ressent le torcol. Ils sont aussi un moyen dont se sert cet oiseau, d'un naturel très paresseux, pour éloigner et effrayer ses ennemis. Les anciens le consultaient dans leurs augures et s'en servaient pour jeter des sortiléges.

Le torcol appartient aux grimpeurs par ses doigts, diffère du coucou par sa langue et des pics par sa queue. Sa langue, qui est extensible et cylindrique, lui sert à saisir les fourmis et les petits insectes. On le voit souvent cramponné aux branches sèches sur lesquelles il paraît plutôt se reposer que chercher sa nourriture. Il parcourt les arbres sans grimper à la manière des pics et s'arrête aux cavités naturelles pour y plonger sa langue. Le torcol pond dans les trous des arbres et choisit ceux dont l'ouverture est très étroite. La femelle dépose de cinq à sept œufs sur la poussière vermoulue dans laquelle elle a préparé un creux avec le secours de son bec et de ses doigts. Ces œufs sont d'un blanc brillant, caractère qui sert à les distinguer de ceux de la fauvette rouge-queue auxquels ils ressemblent par la forme et la grosseur. Ils sont ordinairement arrondis, quelquefois pointus et ont de 0ᵐ 018 à 0ᵐ 020 de longueur et de 0ᵐ 013 à 0ᵐ 015 de diamètre. Lorsqu'on plonge le bras ou un bâton dans le nid du torcol, la mère, si elle s'y trouve enfermée, pousse immédiatement des sifflements si violents qu'on a peine à se défendre d'un sentiment de crainte. Le plus souvent les dénicheurs s'éloignent de l'arbre, croyant s'être trompés et lutter contre un essaim de vipères.

DEUXIÈME GENRE.

LES PICS.

Ce nom rappelle encore une famille d'oiseaux victimes de l'ingratitude des hommes. Les pics ont reçu du ciel une laborieuse mission. Dieu les a condamnés à ne vivre qu'au prix d'un travail incessant dont le but est l'avantage réel des propriétaires. Ils doivent parcourir les bois, les vergers, monter le long des arbres en tous sens, sonder tous les trous, visiter toutes les fissures, inspecter toutes les écorces, les enlever même si cela est nécessaire pour y saisir et tuer les insectes et les vers rongeurs. Pour lui faciliter ce terrible labeur, Dieu a donné au pic deux doigts en avant et deux en arrière, armés d'ongles très forts et arqués, des pieds courts et musculaires, un bec carré à sa base, cannelé dans sa longueur, aplati à la pointe; celui-ci repose sur un cou raccourci, pourvu de muscles vigoureux et soutenant un crâne très fortement constitué. La langue est très longue, effilée, arrondie, terminée par une pointe osseuse et par quelques petits crochets; elle servira à percer les insectes et à les retirer ensuite. Deux glandes y déversent une espèce de liqueur visqueuse sur laquelle les fourmis viendront s'attacher. Enfin sa queue est formée de dix pennes tronquées, raides, d'inégale longueur, composant une espèce de *miséricorde* sur laquelle le pic s'appuiera et se reposera en gravissant les arbres et en perçant et fouillant les écorces. Armé de ces dons de la Providence, le pic visite tous les troncs et les branches des arbres, il scrute tous les trous, plonge sa langue sous toutes les écorces, sonde toutes les plaies; si l'arbre rend un son qui trahisse la présence d'un vers rongeur, le pic s'arrête, perce l'arbre et va chercher jusque dans son repaire l'insecte destructeur. Le médecin qui laboure avec le fer et le feu les membres de l'homme pour conjurer le développement du mal, est-il coupable? rend-il un service? La réponse à cette double question condamnera ou justifiera l'oiseau consacré à Mars. Les anciens avaient vu dans la vie des pics l'image d'un combat perpétuel; dans l'énergie des coups de bec de cet oiseau et dans son adresse à atteindre et à percer ses victimes, quelque ressemblance avec la puissance du Dieu des batailles.

Quand les pics sont soumis au sentiment de la crainte ou de la colère, ils relèvent les plumes de leur tête. Cette particularité a fait croire à quelques naturalistes que les pics avaient une huppe.

L'Anjou possède cinq espèces de pics.

Pic-vert. — *Picus viridis.*

Le nom donné au deuxième genre de la famille des Proglosses, en français et en latin, est fondé sur l'emploi de leur bec qui leur sert de pic pour perforer les arbres et trouver leur nourriture. L'adjectif vert indique la couleur dominante des plumes de la première espèce de ce genre. Picus nous rappelle aussi des souvenirs mythologiques. Picus, fils de Saturne, père de Faune et aïeul du roi Latium, méprisa l'amour de la magicienne Circé pour épouser Canente. Circé, vivement irritée du dédain de ce jeune prince, le changea en pic-vert. Picus devint un des dieux champêtres et présida aux augures. L'infortunée Canente fut entièrement consumée par le chagrin et il ne resta d'elle que le souvenir de son malheur. Les anciens aimaient beaucoup à consulter le vol du pic-vert, et ce fut avec plaisir qu'ils le virent, en grimpant à l'arbre qui protégeait le berceau de Remus et de Romulus pendant que la louve les allaitait, prédire la grandeur future des deux fils du dieu auquel il était consacré. Maintenant encore, les modifications du cri du pic-vert annoncent aux habitants de la campagne les variations de la température. C'est pour cette raison qu'il est appelé le procureur, le pourvoyeur des moulins, le meunier. Les Anglais le nomment l'oiseau de pluie. Le pic-vert grimpe le long des arbres en décrivant une suite de spirales. Quand il ne trouve rien dans ses pénibles investigations, il descend à terre, se couche immobile auprès d'une fourmilière au milieu de laquelle il plonge sa langue. Il la retire ensuite toutes les fois qu'elle est chargé de fourmis prises à la glu qui l'humecte sans cesse. Quand le soleil ne favorise pas cette chasse et que les fourmis sont engourdies par le froid, il renverse de fond en comble la fourmilière et fait une véritable razzia sur les insectes et sur les œufs. Dans les régions glaciales où les insectes et les vers manquent au pic, pendant l'hiver, cet oiseau réunit des provisions dans le cours de l'été, et confie au creux des arbres des graines sèches, des noix, des noisettes qu'il retrouvera aux jours de disette. Pour briser les noix, il les place dans un petit trou où il les maintient avec ses doigts pendant qu'il frappe avec son bec. Dans notre département qui offre au pic-vert des ressources suffisantes, en tout temps, cet oiseau fait peu ou point de provisions. Quelquefois on aperçoit le pic, après avoir frappé quelques coups de bec, tourner avec rapidité du côté opposé, non pour voir s'il a percé l'arbre, mais pour saisir les insectes que le contre-coup a chassés de leur retraite. Il ne fait cette visite que lorsqu'il a reconnu au son rendu par l'arbre que celui-ci récèle quelque cavité. Cet oiseau passe les nuits dans un trou d'arbre ou de muraille où il se retire chaque soir, de très bonne heure. On voit à Chaloché, à l'angle du bâtiment principal de l'ancien monastère, un trou qui a servi de chambre à coucher au même pic pendant plusieurs années. Cet oiseau, qui offre dans son plumage une des plus belles variétés connues, a été tué par un garde malgré la défense de M. Gaignard de la Ranloue, et se trouve maintenant dans le cabinet de M. Raoul de Baracé.

Pour se dérober au plomb des chasseurs, le pic tourne autour de l'arbre et se tient toujours du côté opposé à son adversaire. Si par crainte, ou de lui-même il se dirige vers d'autres arbres, son vol est toujours saccadé et accompagné d'un cri plaintif.

Le pic-vert creuse son nid ordinairement dans les troncs des arbres, rarement dans les branches; dans ce dernier cas, l'ouverture est toujours tournée vers la terre, afin que la pluie n'y puisse pénétrer et que l'entrée soit plus facilement dérobée aux petits rongeurs qui courent sur les branches. Ici se présente naturellement le grief le plus sérieux que fassent les adversaires des pics, en objectant les ravages que ces oiseaux exercent dans les forêts en préparant un nid à leurs petits. Ce reproche, quelque grave qu'il paraisse, peut encore être combattu victorieusement. D'abord, les pics ne sont pas si nombreux que l'admet l'imagination de quelques bons propriétaires. Puis ce nid ne se prépare qu'une fois chaque année et encore sert-il plusieurs années au même couple. Enfin, l'arbre choisi par les pics est toujours rongé intérieurement par les vers et les insectes. Quand, au moment de la nidification, le pic a trouvé dans ses courses un arbre dont la cavité lui a été révélée par les coups de son bec, il se met à l'ouvrage et bientôt il parvient à gagner l'intérieur qui lui offre un asile pour ses petits et un salaire pour prix de ses travaux. Son premier soin est de dévorer les vers rongeurs. Quel est son crime? Celui d'avoir mis à jour un cancer intérieur et d'en avoir arrêté les progrès en détruisant le mal dans son principe. Si l'arbre n'est pas gâté, le pic abandonne son travail, car autrement comment parviendrait-il à creuser un nid perpendiculaire avec les ressources d'un trou qui ne laisse au corps qu'une faible partie de l'usage de ses mouvements? Le mâle se distingue de la femelle par les taches rouges de ses moustaches. Les œufs du pic-vert sont oblongs, d'un blanc lustré et le plus souvent piriformes, leur nombre varie de cinq à sept. Leur longueur moyenne est de 0^m 030 et leur diamètre de 0^m 02. La femelle, lorsqu'elle est surprise sur ses œufs, fait entendre les mêmes sifflements que le torcol.

PIC-CENDRÉ. — *Picus canus.*

L'épithète française et latine, donnée à ce pic, est fondée sur les nuances de son plumage. Le pic-cendré est un peu plus petit que le pic-vert, sa tête et son cou sont d'un cendré pâle. Quelques taches noires longitudinales accompagnent le rouge cramoisi qui se trouve sur le sommet de sa tête et servent à le distinguer du pic-vert. La femelle n'a pas de rouge sur l'occiput, et les moustaches du mâle en sont aussi dépourvues. Le pic-cendré, rare en Europe, creuse son nid dans les arbres; ses habitudes sont les mêmes que celles du précédent. Il pond de cinq à sept œufs un peu moins gros que ceux de son congénère, mais plus allongés en proportion de leur diamètre qui est de 0^m 016 à 0^m 017; leur longueur ordinaire est de 0^m 028.

PIC-ÉPEICHE. — *Picus major, Picus varius major.*

La dénomination épeiche est composée, selon quelques naturalistes, de deux mots allemands, *elster* et *specht*, qui signifient pic varié. Le nom latin *varius* indique le même sens; *major* fait connaître les dimensions de cet oiseau comparé aux deux suivants qui sont aussi des pics variés. Il est plus probable que cette épithète vient de *spica* comme épervier de *sparvarius*. Le mot *spica* a été formé du verbe *spicare* qui signifie piquer et indique le moyen dont se servent les pics pour trouver leur nourriture et établir leur nid.

L'épeiche vit comme les pics précédents, cependant son vol est plus facile que celui du pic-vert, il poursuit et saisit au vol les insectes. Il se tient de préférence dans les vergers; il a l'habitude de frapper à coups précipités et très violents l'extrémité des branches sèches qu'il rencontre dans ses courses. Ce grimpeur, dont le plumage est composé de noir profond, de blanc pur, de rouge très-vif, niche dans des trous naturels, ou dans les nids abandonnés du pic-vert. Rarement l'épeiche creuse un nid, dès-lors il devrait trouver grâce aux yeux des propriétaires. L'épeiche pond cinq ou six œufs dont la longueur moyenne est de 0,024 et le diamètre de 0,018. La forme des œufs de ce pic est la même que ceux des deux précédents, cependant ils sont généralement un peu plus arrondis. Le mâle seul a du rouge cramoisi sur l'occiput. On constate d'une manière régulière deux races dans cette espèce; l'une est beaucoup plus forte que l'autre.

Pic mar. — *Picus medius.*

Le nom de *mar* est une abréviation de Mars, auquel le pic était consacré, comme Ovide l'a consigné dans ses vers. On lui donne indifféremment l'épithète *martius* ou *medius*. Ce dernier adjectif indique qu'il tient le milieu pour les dimensions entre l'épeiche et l'épeichette nommée *picus minor*. Le pic mar ou moyen épeiche est rare dans tous les pays. Ses couleurs sont moins vives que celles de l'épeiche. Il visite comme celui-ci les troncs et les branches des arbres en tous sens, monte et descend en décrivant des spirales. Ce pic pond de trois à cinq œufs dans un trou naturel ou dans un vieux nid abandonné par ses congénères, ou dans une branche qu'il a perforée. Les œufs ont 0,022 de longueur et 0,016 de diamètre. La femelle ressemble au mâle, mais les plumes rouges de sa tête sont moins développées et d'une couleur moins vive.

Pic épeichette ou petit épeiche. — *Picus minor.*

Les différents noms donnés à ce pic, sont basés sur sa taille ; il est le plus petit de la famille. L'épeichette vit de vers, de chenilles, d'insectes, de petites baies, et comme elle peut trouver beaucoup plus facilement sa nourriture que les autres pics, on la voit assez souvent en société : nouvelle preuve que la solitude à laquelle se condamnent les grands pics provient de la difficulté qu'ils éprouvent à se procurer une proie suffisante pour vivre. L'épeichette pond quelquefois dans un vieux nid de mésange, de sitelle ou dans une cavité naturelle, quatre ou cinq œufs semblables à ceux des autres pics. D'autres fois elle perfore une vieille branche vermoulue pour y déposer ses œufs. Leur longueur moyenne est de 0,018 et leur diamètre de 0,014. La femelle n'a pas de rouge sur la tête qui est entièrement noire.

Ici se termine l'ordre des grimpeurs comprenant, pour l'Anjou, sept espèces qui, toutes, travaillent incessamment à préserver les arbres des ravages des insectes et des vers rongeurs, et dont deux, le pic vert et le pic cendré, perforent les arbres pour chercher leur nourriture ou préparer leur nid ; les autres attaquent quelquefois les branches vermoulues, mais le plus souvent se servent de vieux nids abandonnés.

Avant de passer au troisième ordre des oiseaux de la Faune de Maine et Loire, je ne puis résister au désir de raconter un fait qui corrobore mon opinion favorable aux pics, et combat les méfaits qu'on reproche aux grimpeurs avec trop de partialité et d'injustice.

Un de mes amis, grand amateur d'histoire naturelle, loin de partager mon sentiment sur cette famille de proscrits, prenait plaisir à recueillir toutes les observations propres à augmenter la liste des ravages attribués aux pics. Ainsi que l'un de ses parents il se montrait disposé à mettre à prix, dans toute l'étendue de ses propriétés, les langues des Proglosses. Combien d'autres cependant, plus nuisibles et plus dangereuses que celles-ci, ne sont pas punies avec le même acharnement! Comme ce parent il eût désiré recevoir de temps en temps une petite boîte pleine des langues des grimpeurs. Cette boîte était expédiée d'une manière très régulière et une prime pour chaque langue était accordée à l'heureux chasseur qui exécutait un ordre, dont pour lui l'importance se mesurait sur les bénéfices qu'il en retirait. Après un séjour assez long à la campagne, pendant lequel le mandat d'exterminer tous les pics avait été renouvelé aux gardes et aux fermiers avec une ferveur toujours croissante, mon ami vint me trouver, pressé en même temps par un sentiment de joie et de tristesse. Il s'agissait de m'annoncer d'un côté une perte qu'il venait d'éprouver et de l'autre une nouvelle preuve péremptoire justifiant sa haine contre les pics. Un des plus beaux arbres de sa campagne, un chêne magnifique végétait depuis plusieurs années; des branches et une partie de l'écorce s'étaient détachées du tronc, l'arbre paraissait languir et devoir bientôt se dessécher entièrement. Les pics de toute la contrée semblaient s'être donné rendez-vous pour le percer dans tous les sens. Quelques personnes étaient portées à reconnaître dans ce fait une croisade organisée par la vengeance; j'y trouvais au contraire un acte de générosité exercé envers un persécuteur. Mon ami pensait que l'arbre périssait parce que les pics l'avaient perforé; je croyais au contraire qu'ils le sondaient dans tous les sens pour lui venir en aide et prolonger son existence. Le chêne est condamné et abattu, le tronc scié en plusieurs billes. Le charpentier, partageant les idées du propriétaire, et convaincu que l'arbre n'était défectueux que dans les endroits où les pics l'avaient perforé, avait payé le chêne un prix assez élevé. Nouveau service rendu à mon ami par les grimpeurs. On remarqua bientôt que sous l'écorce dont une partie avait disparu, existait une fissure pénétrant dans l'intérieur de l'arbre et offrant des ramifications irrégulières, tantôt étroites, tantôt larges et se prolongeant dans la plus grande partie du tronc pour se terminer par une déchirure déguisée sous l'écorce. L'eau avait pénétré dans cette plaie et corrompu insensiblement les parties voisines, et dès lors une quantité considérable de gros vers rongeurs s'y étaient installés. Là ils avaient établi leur quartier-général d'où ils sortaient fréquemment pour exercer de terribles ravages. C'était à ces ennemis du chêne que les pics avaient déclaré une guerre incessante et non à leur persécuteur dont ils défendaient la propriété avec une persévérance payée par une noire ingratitude. Il fut constaté que le dépérissement de l'arbre devait être attribué à la foudre qui avait, plusieurs fois, frappé le chêne et exercé quelques-uns de ces effets si bizarres et si capricieux, mais qui lui sont cependant si habituels et dont les conséquences n'avaient pas été visibles immédiatement.

Cette fois encore, dans le procès intenté aux pics, la déposition du témoin à charge non-seulement était anéantie, mais tournait encore à la justification complète des accusés.

La défense des buses, que je n'ai présentée que d'une manière superficielle, serait encore plus facile à soutenir que celle des grimpeurs. Il me paraît en effet très aisé de prouver aux propriétaires qui déclarent une guerre implacable à ces rapaces, que leur acharnement n'est pas fondé. Les dégâts que peuvent exercer les buses sont bien loin de pouvoir être comparés aux services que ces oiseaux rendent à l'agriculture en détruisant tous les petits mammifères et les gros insectes qui dévorent les semences. Depuis de longues années, M. Deloche, conservateur du Musée, a préparé et monté plus de cent cinquante buses ; toutes, sans exception, contenaient dans leur intérieur des débris de rats, de mulots, de taupes, des pelotes composées de courtillières et de grillons et jamais aucune trace de gibier. Mon intention n'est pas de soutenir que les buses n'attaquent et ne mangent jamais de gibier, ce serait avancer une opinion fausse, mais elle se borne à constater que ce dernier grief n'est pas aussi fréquent qu'on le croit ordinairement et qu'il doit s'effacer en présence des services habituels rendus par ces rapaces aux propriétés, surtout au commencement de l'hiver. C'est en effet vers cette époque que les buses se livrent à des pérégrinations continuelles, lorsque les semences ont le plus besoin d'être préservées des ravages exercés par une multitude de petits rongeurs et d'insectes nuisibles.

3ᵉ ORDRE. — PASSEREAUX [1].

Le troisième *ordre* des oiseaux porte dans la Faune de Maine et Loire le nom de *passereaux*, d'autres auteurs lui ont donné celui de *sylvains*. La première dénomination me paraît plus convenable que la seconde, en ce sens qu'elle est plus générale et qu'elle s'applique mieux aux nombreuses familles renfermées dans cet *ordre*.

L'étymologie du mot *passereau* se trouve dans le verbe *passare*, vieille expression latine signifiant aller d'un endroit dans un autre, sans s'y fixer longtemps et représentant d'une manière expressive les habitudes des oiseaux désignés par ce nom. Le plus grand nombre des passereaux émigre selon les saisons et va demander à de nouveaux climats la nourriture que d'autres lui refusent. Pendant leur séjour même dans les pays qu'ils habitent, ils aiment par goût et par nécessité à en parcourir les différents sites. Les bois, les plaines, les buissons, les bords des rivières sont tour à tour témoins de leurs excursions rapides et multipliées.

PREMIÈRE FAMILLE.

Latirostres.

La première famille de l'*ordre* des *passereaux* a reçu le nom de *latirostres* (de *latum*, large et *rostrum*, bec). Dieu, selon le dessein de sa providence, a procuré à ces oiseaux dans les dimensions de leur large bec, un moyen puissant et sûr de saisir les insectes ailés qui leur servent de nourriture.

[1] Je répète ce que j'ai dit : je n'ai nullement l'intention de composer une Faune, mon but est simplement d'expliquer par les habitudes des oiseaux, leurs noms scientifiques et vulgaires et de montrer l'action de la *Providence*, là où les naturalistes ne voient trop souvent que bizarrerie ou caprice.

PREMIER GENRE.

Engoulevent ordinaire. — *Caprimulgus Europœus.*

L'engoulevent est un oiseau semi-nocturne. Pendant le jour il se tient régulièrement à terre, au milieu des taillis ou des bois de sapins. Si quelque cause le force à voler pendant le jour, la lumière fatigue ses yeux trop sensibles et dès-lors son vol est saccadé et incertain. On le voit chercher un refuge sur les arbres contre lesquels il semble se heurter. N'ayant pas comme les oiseaux de nuit le moyen de se soustraire à ses ennemis en se cachant dans les cavités des arbres ou des vieux murs, il deviendrait facilement la victime des chasseurs ou des *rapaces* si la Providence ne lui avait pas donné en compensation un instinct particulier.

L'engoulevent est avec le *scops* le seul oiseau de l'Europe qui se perche dans le sens de la longueur des branches. Sa couleur se marie très bien avec celle de l'écorce des arbres ; il se confond ainsi avec la branche qui lui sert d'appui et se dérobe aux regards les plus clairvoyants. Quand le soleil disparaît et que le crépuscule lui succède, l'engoulevent s'élance dans les airs et développe toutes les ressources de son vol puissant. Il décrit des cercles en tous sens autour des arbres qu'il enveloppe d'une série de spirales dont le diamètre se rétrécit et s'élargit tour à tour. Son vol tient alors de celui de l'hirondelle et de la chouette. Comme la première, l'engoulevent se joue dans l'air et glisse à la surface de la terre avec une grâce et une facilité remarquables. Comme la seconde, il semble soutenu par ses plumes fines et pressées et son vol s'accomplit sans bruit quand il ne chasse pas. Lorsque cet oiseau poursuit les insectes pendant les quelques heures du crépuscule, il ouvre un bec d'une largeur démesurée et garni à sa base de quelques poils longs et roides. Ceux-ci concourent à diriger les insectes dans le gosier de l'engoulevent. Ce latirostre ne le ferme que lorsqu'il est tapissé de victimes. Pour que ces dernières ne puissent sortir de cette prison quand elles y sont entrées, tout l'intérieur du bec est enduit d'une couche de glu naturelle que l'oiseau renouvelle selon ses besoins. En volant avec une grande vitesse et le bec ouvert, l'engoulevent produit un bourdonnement sourd qui augmente ou diminue avec la rapidité du vol. L'air étant alors vivement déplacé vient s'engouffrer dans le large gossier de ce passereau et produit le même effet que l'air dans le corps d'une toupie dont le ronflement est en rapport avec la puissance de rotation qu'on lui imprime. C'est à cette manière de voler qu'il doit son nom d'*engoulevent*. Quelques instants avant de commencer la chasse, le mâle fait entendre un bruit très sonore et semblable à celui d'un rouet à filer ; il répète le même bruit pendant les moments de repos qu'il prend pendant ses excursions crépusculaires. De temps en temps il interrompt son vol, pour se laisser tomber à terre avec la rapidité d'une balle, et y saisir les *bousiers* et autres coléoptères qu'il a aperçus dans sa course, malgré la rapidité avec laquelle il l'accomplit.

Les épithètes, *ordinaire* et *européen*, ajoutées au nom de l'engoulevent, indiquent que cette espèce est la plus commune. Partout elle se trouve répandue et cependant nulle part elle n'est multipliée. Cette dénomination sert aussi à la distinguer de l'*engoulevent à collier roux* qui habite l'Afrique et se montre dans quelques contrées de l'Europe.

Le nom scientifique *caprimulgus* dérive de *caprea*, chèvre et de *mulgeo*, téter et signifie dès lors : oiseau qui tette les chèvres. Cette hypothèse n'est nullement fondée et ne peut s'expliquer que parce que l'engoulevent se tenant à terre et étendu sur le ventre pendant le jour, a été nommé par les habitants des campagnes *crapaud-volant*. Ils l'ont comparé au crapaud à cause de son cri et de son large bec. Dès lors on lui a attribué l'habitude prétendue du crapaud, celle de téter les chèvres et ce préjugé est venu s'abriter sous la protection du nom pompeux adopté par la science.

L'engoulevent habite le plus souvent les terrains sablonneux et plantés de sapins ; il aime de préférence les lisières des bois. C'est là qu'il trouve une nourriture plus abondante et qu'il peut plus facilement élever ses petits. La femelle beaucoup plus grosse que le mâle, ne fait aucun nid, dépose à terre deux œufs oblongs dont le diamètre varie de 0ᵐ 020 à 0ᵐ 022. et la longueur de 0ᵐ 030 à 0ᵐ 032. Leur couleur est d'un blanc marbré et couvert de taches brunes et cendrées. Des naturalistes prétendent que lorsque la femelle craint des dangers pour ses œufs, elle les roule ou les transporte même dans son bec en des endroits où elle pense jouir de plus de sécurité. Quelquefois on trouve trois œufs dans le même nid, mais ce cas très rare s'est cependant présenté cette année à Bagneux, près Saumur.

Tous les ans plusieurs couples d'engoulevent viennent se reproduire dans la propriété de M. Boguais, au milieu des taillis encadrés par les bouquets de sapins situés sur les bords de l'étang Saint-Nicolas. C'est là que pendant les mois de juin et de juillet, on peut, vers le coucher du soleil, être témoin du vol, de la chasse et du bruit si curieux de l'engoulevent.

DEUXIÈME GENRE.

MARTINET DE MURAILLES. — *Gypselus murarius.*

Le *martinet* est de tous les oiseaux visitant l'Europe celui qui arrive le plus tard et qui part le plus tôt. En cela le martinet ne suit pas un caprice, mais l'instinct donné par la Providence qui lui indique le temps et le lieu où il trouve en plus grande quantité les insectes nécessaires à sa nourriture. Chaque année il avance ou retarde son arrivée et son départ selon les variations de la température.

Plus hirondelle que les hirondelles mêmes, le martinet est compris dans leur genre par le plus grand nombre des naturalistes et porte le nom d'*hirundo apus*, dérivé de α et πους, πεδος et signifiant hirondelle privée de pieds, de tarses. Cette particularité est un des caractères les plus remarquables du martinet. En effet, malgré ses ailes longues et puissantes, cet oiseau ne peut se dérober à ses ennemis dès qu'il se pose à terre. La nullité de ses tarses ne lui permet pas de prendre son essor, aussi évite-t-il avec le plus grand soin de se reposer sur un terrain non accidenté. Dans les airs il règne par la facilité et la rapidité de son vol et échappe par cette puissance à tous les oiseaux de proie. Afin d'obvier aux inconvénients qui résultent de cette privation de tarses, Dieu a doué le *martinet* d'une vue très perçante. Dès lors il distingue de très loin et au milieu de sa course rapide les plus petits insectes fixés sur les rochers ou le long des murailles, sans être obligé de parcourir, en s'y arrêtant, les lieux qui lui fournissent sa nourriture.

Le *martinet* doit peut-être son nom à son vol. Ses ailes frappent l'air et les murailles avec la rapidité de l'instrument mû par la vapeur et les chutes d'eau. La dénomination de *martelet (petit marteau)* sous laquelle il est connu dans l'Encyclopédie d'histoire naturelle semble favoriser cette explication. Elle me paraît d'autant plus fondée que le *martinet* en martelant les murailles avec ses longues ailes se propose un but sérieux et caractéristique, celui de faire envoler les insectes qui y sont attachés, afin de les saisir ensuite plus facilement dans leur vol ou leur chute. Nous pouvons constater cette habitude dans les mois de juin et de juillet. Lorsque la température est élevée et le ciel serein, nous voyons les martinets se réunir en troupes nombreuses, voler avec une grande rapidité, pousser des cris stridents en parcourant tous les immenses contours de notre vieux château si riche en souvenirs. Ces cris sont destinés à effrayer les insectes, à les faire sortir de leurs retraites ou du moins à les déterminer à changer de place pour se cacher et dès lors à les livrer plus sûrement à leurs ennemis en les rendant plus visibles. Les martinets baissent et élèvent tour à tour leur vol, ils semblent se proposer de balayer avec leurs ailes toutes les parois de cette antique et magnifique forteresse.

Une idée de percussion semble naturellement attachée au nom de *martinet*. Serait-ce un souvenir pénible de l'enfance ?

Le mot viendrait-il de *Mars* et *tinio* (annoncer par ses cris le combat, la mort) ou de *Mars, Martis* et *neo* filer, tresser le trépas, la guerre? Ces deux étymologies pourraient s'adapter aux habitudes de ce latirostre. Il répand la mort parmi les insectes en accompagnant cette chasse d'un cri de guerre strident. Dans toutes les sinuosités de son vol, il paraît en passant et repassant au milieu des insectes qu'il immole, former un tissu comme la navette lancée avec une grande rapidité dans des sens contraires. J'abandonne volontiers aux érudits la tâche de donner une solution à ce problème. Quoiqu'il en soit, ces hypothèses ont l'avantage de faire connaître les habitudes du *martinet* qui le matin promène la mort parmi les insectes voltigeant sur les prairies, et le soir poursuit dans les régions les plus élevées et avec la rapidité de l'éclair les insectes de haut vol.

Le bec du *martinet* est triangulaire et sécrète une humeur visqueuse sur laquelle viennent se coller les victimes qu'il saisit en volant. Quand ce *latirostre* a des petits et que son bec est rempli d'insectes il passe devant son nid un grand nombre de fois et s'élance ensuite dans le trou qui y conduit avec la vitesse de la balle. C'est à cette habitude de nicher dans les murailles qu'il doit son épithète *murarius* et son nom scientifique *gypselus* de κυψελη dont la racine κυπη signifie cavité. Le martinet se retire dans les trous des murailles, des clochers, des bords escarpés des rivières, pendant le milieu du jour, car il ne chasse que le matin et le soir. C'est dans ces cavités qu'il fait assez grossièrement son nid avec les balayures des rues. La petitesse des tarses du martinet ne lui permettant que très difficilement de saisir lui-même ces débris à terre, il devient évident qu'il a recours à la ruse pour se les procurer. En effet, il pille les nids des moineaux dont il mange les œufs et s'y établit ensuite quand il croit pouvoir s'y maintenir. Mais le plus souvent il est immolé par

les propriétaires du nid qui percent à coups de bec la tête du ravisseur. Cette habitude du *martinet* me paraît expliquer l'opinion de
Ménage qui pense que le mot *martinet* est un diminutif du mot *Martin*, nom d'homme, comme perroquet dérive du mot Perrot, Pierre ;
sansonnet, de Samson etc. Car alors *martinet* signifierait *petit Martin, petit maître, petit père Martin,* individu qui ne se gêne pas avec
ses voisins, qui s'installe chez eux volontiers, sans leur permission
et qui s'y conduit en maître, malgré leurs légitimes réclamations et
leur énergique opposition.

Quelquefois ce latirostre dépose sur des brins de paille l'humeur
visqueuse qui tapisse son gosier ; dès lors ces débris se trouvent
liés entre eux et forment un tout qui en se durcissant présente l'aspect des nids provenant de la fontaine Saint-Allyre, en Auvergne.
Le martinet enlève aussi la mousse qui recouvre les troncs d'arbres
en s'y accrochant à la manière des pics. C'est la grande difficulté
qu'éprouve cet oiseau à saisir à terre les matériaux nécessaires pour
la construction de son nid qui a fait naître la pensée de prendre les
martinets à la ligne. En Grèce et dans les îles de l'Archipel où ces
latirostres sont très nombreux, les enfants montent dans les clochers
ou sur les terrasses élevées et laissent voltiger une ligne dont l'hameçon est déguisé sous un morceau de coton ou d'étoffe. Le martinet saisit en volant cet appât et se prend à l'hameçon. Un pêcheur
exercé peut capturer deux ou trois douzaines de ces oiseaux, par soi-
rée, dans le temps de la nidification. Les martinets sont recherchés dans ces pays, par les gastronomes, comme un mets délicat.

Le martinet pond trois ou quatre œufs blancs, oblongs, dont la
longueur varie de 0ᵐ 023 à 0ᵐ 026 et le diamètre de 0ᵐ 016 à 0ᵐ 018.

TROISIÈME GENRE (1).

Hirondelle de cheminée. — *Hirundo rustica, domestica.*

Tous les oiseaux compris dans le genre *Hirondelle* sont doués
d'une grande puissance de vol. Le faucon se précipite avec plus de

---

(1) Comme précédemment je vais continuer à énoncer quelques hypothèses sur
les étymologies des noms des oiseaux. Parcourant une route inexplorée jusqu'à ce
jour, je ne puis suivre aucun guide reconnu par la science ; mais si je m'égare et
si dans ce travail, je m'éloigne de la vérité, j'espère du moins n'être pas condamné,
car l'hérésie ornithologique comme l'hérésie religieuse suppose l'opiniâtreté dans la

rapidité que l'hirondelle, mais celle-ci glisse avec plus de facilité dans l'air où elle poursuit les insectes en jetant un petit cri et en ouvrant un large bec, tantôt dans les régions les plus élevées de l'atmosphère et tantôt en rasant la surface de l'eau. Cette facilité de vol et cette habitude d'ouvrir à chaque instant le bec pour happer les insectes me semblent indiquer l'étymologie du mot *hirundo*. Il dériverait alors de *hiare*, bâiller, pousser un son avec effort et de *undo*, ondoyer et signifierait oiseau qui bâille, qui ouvre le bec en ondoyant dans l'air. Le deuxième verbe caractérise d'une manière expressive la grâce du vol de l'hirondelle si bien décrit par Buffon et le premier s'appuie sur les habitudes de cet oiseau et l'autorité d'Illiger. Celui-ci dans son cours d'histoire naturelle désigne les hirondelles par l'épithète *hiantes,* les *bâilleuses* et par extension les *criardes*. Peut-être pourrait-on hasarder l'étymologie suivante : *hiare* et *unda*, oiseau qui ouvre le bec en effleurant l'onde ; quoiqu'un peu téméraire cette étymologie aurait l'avantage de faire connaître une particularité de la vie des hirondelles qui dans leur vol rapide rasent la surface de l'eau, ouvrent le bec pour boire sans ralentir leur course ou pour humecter la terre destinée à la construction de leur nid. Enfin elles aiment à se plonger dans l'eau à plusieurs reprises, en jetant un petit cri de satisfaction, dans le but de noyer les insectes nombreux qui s'attachent à leurs plumes et les tourmentent sans cesse.

Gessner prétend que le mot hirundo vient de *hærendo, quia hirundo nidum componit tignis adhærentem*. Ainsi d'après cet auteur le nom d'*hirondelle* aurait été donné à cet oiseau parce qu'il construit un nid adhérent aux poutres, aux linteaux des croisées. Scaliger fait dériver *hirundo* de χελιδών d'où helundo et hirundo. La racine de χελιδών serait-elle alors χέλυς, lyre et εἶδος, forme ? Dans cette supposition, cette étymologie s'appliquerait à la queue des hirondelles représentant assez exactement une lyre et fournissant un des caractères les plus distinctifs de ces oiseaux, et qui servent à les classer. Quelques auteurs trouvent une racine du mot hirondelle dans ἔπω signifiant gazouiller, parler, étymologie qui se rapprocherait de celle que j'ai avancée. Enfin la vieille dénomination de l'hirondelle, *aronde*, nous présenterait un nouvel ordre d'idées, elle viendrait de

défense de ses erreurs. Or, je renonce d'avance à toutes celles qui seront signalées par les maîtres de la science. Les mœurs des oiseaux m'engageront peut-être aussi quelquefois à faire de petites excursions sur le domaine de la philosophie et de la morale, mais je pense trouver dans l'exemple du bon Lafontaine et dans le caractère dont je suis revêtu, une justification à ces digressions.

ἔαρ, printemps et ἐαρινός, ἠρινός, printannier, et signifierait alors oiseau
du printemps, qui par son arrivée annonce le retour du printemps.

Le nom de la *chélidoine* ne lui ayant été donné que parce que
cette plante fleurit au printemps, viendrait fortifier cette dernière
opinion et servir de trait d'union entre χελιδών et *aronde*.

Partout l'arrivée des hirondelles est accueillie avec plaisir, car
elle annonce le retour du printemps. En Espagne, une légende populaire, répétée dans tous les foyers, donne un autre motif de cette
bienvenue. La voici : Pourquoi l'hirondelle est-elle un oiseau aimé
et respecté, accueilli en signe de bonheur? C'est que ce fut une hirondelle qui alla arracher les épines dans le front saignant du Christ.

Les mêmes légendes expliquent ainsi le chant étouffé du hibou et
son éloignement pour la lumière : Le hibou était autrefois un des
oiseaux qui chantaient le mieux. Il se trouva présent lorsque le Seigneur expira, et depuis ce moment il fuit la lumière témoin d'un si
grand crime, et il ne fait plus entendre que son cri plaintif et étouffé
où le peuple andaloux croit distinguer encore le mot *Cruz, cruz*
(croix, croix).

Les ressources du vol des hirondelles auraient dû résoudre plus tôt
la question de leur immersion annuelle. Pendant plusieurs siècles
on a cru que ces oiseaux ne pouvaient pas franchir les mers pour
demander à d'autres climats la nourriture et l'hospitalité pendant
l'hiver. On admettait qu'ils se retiraient dans des cavernes où ils
passaient la saison des frimats, attachés aux parois des murs à la
manière des chauves-souris. Des naturalistes ont même soutenu que
les hirondelles se précipitaient dans les puits ou dans les marais
pour s'ensevelir sous la vase ou le sable et ressusciter au printemps.
Cette opinion contraire aux principes les plus élémentaires de l'or-
ganisation des oiseaux, était tellement répandue que Buffon a consacré près d'un demi-volume à la réfuter : si les cailles peuvent
franchir la Méd.terranée avec leur vol peu soutenu, ce passage ne
doit pas être un obstacle sérieux pour les hirondelles. On a constaté
depuis un certain nombre d'années que ces oiseaux se trouvent
pendant l'hiver par troupes innombrables au cap de Bonne-Espé-
rance et dans les autres régions du midi de l'Afrique. Circonstance
qui explique l'absence des hirondelles au nord de cette même
contrée.

L'hirondelle de cheminée a reçu les épithètes de domestique, de
villageoise, de campagnarde (*domestica, rustica*). La première de ces
expressions nous reporte à des temps bien éloignés de nous, à des
mœurs, hélas ! qui n'existent presque plus que comme des souvenirs. Cet adjectif me semble renfermer le sens de deux mots grecs,

δόμα, maison dont la racine est δέμω, signifiant fonder, bâtir, demeurer et ἑστία, foyer, banquet, et associer ainsi des idées bien touchantes. Dans le temps des mœurs patriarchales cette expression *domestica*, servante, domestique, fut employée pour désigner ceux qui appelés au banquet et au foyer de la famille, étaient considérés comme des membres de cette même famille dont ils devaient partager les travaux, les joies et les douleurs. C'était à eux qu'on confiait les missions les plus délicates, comme la Bible nous en offre des exemples si multipliés et si attachants. Les domestiques, les serviteurs étaient d'autres soi-même, ils recevaient l'enfant naissant pour lui prodiguer les caresses les plus tendres, les soins les plus intelligents et les plus persévérants; sans ambition, ils n'aspiraient après avoir élevé plusieurs générations et s'être dépensés en soins et en travaux continuels, qu'à rendre le dernier soupir dans la maison et au sein d'une famille qu'ils regardaient et aimaient comme la leur. Maintenant que le cours des siècles, l'indépendance des mœurs et le progrès des idées sceptiques ont renversé et détruit le banquet et le foyer domestiques, ces derniers mots sont vides de sens. Ils ne rappellent plus ces réunions intimes, ces épanchements du cœur, ces causeries dans lesquelles plusieurs générations, maîtres et serviteurs, puisaient tour à tour enseignement, espérance et gaieté, respect et douce confiance; et où les traditions de foi, de loyauté et d'honneur se transmettaient pures et intactes. Dès lors que chacun semble fuir le foyer domestique comme pour échapper à un ennui ou à un remords et cherche à s'étourdir dans ces réunions, décorées peut-être par un esprit malin du nom de cercles (sans principe et sans fin), le mot *domesticus*, *domestica* a perdu sa véritable signification. Aujourd'hui il sert malheureusement trop souvent à désigner ceux qui comme les passereaux ne se fixent nulle part, voyagent de maison en maison au gré de leurs caprices, emportant ou laissant tour à tour de tristes souvenirs de leur passage éphémère sous le toit qui leur a donné l'hospitalité. Héritière des vieilles traditions l'hirondelle de cheminée est véritablement domestique, dans la bonne acception du mot. Elle vient se reposer au foyer de la maison, elle s'y fixe, y établit son nid et y élève ses petits avec une tendre sollicitude. L'année suivante, le même foyer la verra revenir; si le nid est demeuré intact, elle s'y installe immédiatement comme dans sa propriété; s'il est détruit, elle le rétablit. L'hirondelle ne quittera la maison de son choix que si elle y est contrainte par la force et dans ce cas même son dernier chant en s'en éloignant sera un adieu d'amour et de reconnaissance et jamais un cri de malédiction. Plus tard les jeunes viendront continuer la chaîne de la tradition et le même nid verra s'élever et se succéder bien des générations. Chaque année le retour sera annoncé aux habitants de la maison par une série de petits cris, expression de la joie et de la confiance et le moment du départ salué par des signes non équivoques de regret et de sympathie. Les cris que les hirondelles font entendre à leur arrivée et à leur départ sont peut-être pour elles l'expression des mêmes sentiments que ceux que nous éprouvons lorsqu'après une longue absence nous retrouvons les lieux qui nous ont vu naître ou lorsqu'il s'agit de quitter le toit paternel pour entreprendre un lointain et périlleux voyage. Les auteurs d'histoire naturelle viennent corroborer l'opinion que j'ai émise lorsqu'ils disent que le mot *domestica* a été donné à cette hirondelle parce qu'elle est plus familière (de la famille) que les autres et qu'elle paraît aimer et rechercher la société de l'homme.

L'épithète *rustica* fait connaître que ce latirostre est plus commun à la campagne que dans les villes. Est-ce parce que là il retrouve encore malgré le naufrage des mœurs et des saines traditions, plus facilement le foyer et le banquet domestiques. Indépendamment de cette hypothèse peut-être toute gratuite mais qui sourit à ceux dont l'intelligence et le cœur cherchent à saisir partout où ils les entrevoient quelques pensées conso'antes pour s'y reposer, l'hirondelle domestique trouve plus facilement à la campagne que dans le sein des villes des cheminées privées de feu dans lesquelles elle puisse établir son nid. Ce motif est le seul que tous les naturalistes aient donné pour expliquer la présence de l'hirondelle domestique dans les campagnes et son éloignement de plus en plus général du séjour des villes. Cette raison ne me paraît pas péremptoire et pour la fortifier et la compléter, je soumets les hypothèses suivantes. Les cheminées étant beaucoup plus larges à la campagne que dans les villes où leur diamètre se rétrécit de jour en jour, ne contribuent-elles pas ainsi par leurs dimensions à préserver plus facilement les hirondelles de l'incommodité de la fumée ? En second lieu les cheminées des campagnes étant très rarement ramonées n'offrent-elles pas encore sur ce point un précieux avantage aux hirondelles en leur offrant par les aspérités dont les murs sont revêtus plus de facilité pour fixer leur nid, et surtout en conservant pendant de longues années le travail fait précédemment. Enfin, l'extrémité des cheminées de campagne n'est pas restreinte par des appareils plus ou moins étroits, et offre dès-lors à l'hirondelle plus d'espace pour ses évolutions, et concentre moins la colonne de fumée. Le nid de cette hirondelle est façonné avec de la terre détrempée et mélangée à du foin, il reçoit ordinairement une forme sphérique excepté du côté par lequel il tient au mur de la cheminée. Souvent ce nid est établi sur celui de l'année précédente, et il n'est pas rare d'en trouver trois ou quatre superposés. L'intérieur garni de plumes et de débris de toute espèce contient le plus souvent quatre ou cinq œufs d'un blanc parsemé de taches d'un rouge noir. Leur longueur varie de 0ᵐ 018 à 0ᵐ 020 et leur diamètre de 0ᵐ 012 à 0ᵐ 014.

La première ponte est suivie régulièrement d'une seconde dont les œufs dépassent rarement le nombre trois.

L'hirondelle de cheminée justifie encore les noms qui lui ont été donnés, par les soins et la tendresse avec lesquels elle élève ses petits. Quand ils commencent à voler elle les précède en leur présentant de la nourriture, comme une bonne mère s'éloigne de son enfant, en lui offrant des friandises, pour l'engager à essayer ses premiers pas. Plusieurs se sont précipitées dans les flammes qui dévoraient les maisons auxquelles étaient confiés leurs petits, aimant mieux se donner la mort que de se séparer des objets de leur tendresse. On a su tirer profit de ces sentiments affectueux de l'hirondelle et des mères enlevées à leurs petits, ont été envoyées à de grandes distances; rendues alors à la liberté, elles revenaient bientôt sur leurs nids et messagères rapides, rapportaient le billet confié à leur tarse.

On lit dans le mémoire de M. le docteur Mabille sur la vie et les ouvrages de notre compatriote Bernier, un passage extrait de la Philosophie de ce célèbre voyageur qui offre, dans une touchante et naïve peinture, une nouvelle preuve de la sollicitude avec laquelle l'hirondelle veille sur ses petits. Voici ce passage : « Il me souvient, » dit Bernier, de ce que me promenant un jour le long d'un chemin, » j'aperçus sur la branche d'un saule assez bas, trois petites hiron- » delles nouvellement sorties du nid, qui ne s'envolèrent pas quoique » je passasse tout proche. Retournant sur mes pas et repassant pour » la troisième fois par-dessous la branche, j'étendis la main comme » pour les prendre, mais deux grandes hirondelles étant survenues » sur ces entrefaites et ayant gazouillé je ne sais quoi, les petits s'en- » volèrent aussitôt Ce qui me fit juger premièrement que ces grandes » hirondelles étaient le père et la mère qui en les querellant les avaient » avertis de me fuir comme un de leurs ennemis, en second lieu » que la plupart des animaux ne nous fuient que parce qu'ils ont reçu » quelques dommages de nous. »

HIRONDELLE DE CROISÉE. — *Hirundo urbica.*

Les différents noms donnés à cette hirondelle indiquent qu'elle préfère la ville à la campagne et choisit souvent les croisées pour y fixer son nid. Celui-ci est composé avec de la terre que les lombrics rejettent après en avoir extrait les sucs et à laquelle ils communiquent une certaine viscosité. Ici se manifestent encore les preuves de l'admirable instinct que Dieu, dans les desseins de sa providence, a donné à ces oiseaux pour qu'ils atteignent le but qu'il s'est proposé en les créant. Cette terre, en effet, est préférée à toute autre par la raison qu'elle se lie plus facilement. Mais comme elle se trouve en plus grande quantité lorsqu'il tombe de la pluie, il est donc important de profiter de cette circonstance. Que feront les hirondelles? Un certain nombre se réuniront, mettront leurs efforts en commun et les nids se façonneront simultanément pour plusieurs ménages. On profite des matériaux précieux et la petite société éloigne une perte de temps et une fatigue inutiles. Quelques-unes désirant se servir du travail des autres sans se lasser elles-mêmes, comme cela arrive hélas! trop souvent parmi les hommes, viennent chercher la terre au nid que l'on construit afin d'éviter un parcours beaucoup plus long. Peut-être aussi celles-ci ont-elles été reléguées de la société de leurs congénères, et sont-elles des prétendants malheureux. Dès lors la vengeance est-elle le mobile de leur conduite? Les hommes auraient-ils bien le droit de les blâmer?

Ces nids adhèrent à une croisée ou à un mur, ont une forme cylindrique et ne présentent en haut qu'une petite ouverture par laquelle l'hirondelle pénètre en se diminuant de volume. L'exiguité de cette entrée empêche les autres oiseaux de s'y introduire et permet aux propriétaires de défendre plus facilement leur domicile. Les hirondelles recherchent surtout les grands murs et les rochers peu éloignés des rivières, pour y accoler leurs nids. A Lyon, la façade de l'hôpital situé sur le quai de la Saône, est couverte de rangs innombrables de ces nids formant plusieurs guirlandes suspendues les unes au-dessus des autres.

L'hirondelle de croisée, plus sauvage que la précédente, arrive dans nos contrées quelques semaines avant sa congénère. Elle chasse les insectes sur le bord des eaux qu'elle effleure quelquefois pour y tremper la terre destinée à son nid.

Dans son vol, elle frappe de ses ailes les moucherons fixés aux parois des murailles, afin de les en détacher et de les saisir ensuite au vol. Ainsi que la précédente, l'hirondelle de croisée chasse le bec fermé, et toutes les fois qu'elle aperçoit une proie elle la saisit en faisant claquer son bec. Comme l'hirondelle de cheminée, elle rend de vrais services à l'homme en purgeant l'air d'une multitude d'insectes nuisibles ou gênants. Elle fait deux pontes, la première de quatre à six œufs et la seconde de trois à quatre; ils sont d'un blanc

lustré, sans tache et un peu piriformes. Leur longueur est de 0ᵐ 016
à 0ᵐ 018 et leur diamètre de 0ᵐ 011 à 0ᵐ 013.

Quand les hirondelles de croisée ou de cheminée doivent émigrer,
elles se réunissent en grand nombre. Quelques-unes, plus âgées ou
plus expérimentées, semblent avoir reçu la mission d'avertir les
autres que le moment propice pour le départ est arrivé ; pendant
quelques jours on les voit parcourir les diverses parties d'une ville
ou d'une campagne, faire entendre un petit cri très vif qui ressemble
à un cri d'impatience, venir et revenir bien des fois sur leurs pas;
on dirait des chefs s'empressant de réunir leurs soldats pour une
expédition lointaine. A la voix de ces hirondelles, leurs compagnes
se réunissent sur un arbre ou sur un édifice élevé et là par des petits
cris multipliés marquent les différents sentiments qu'elles éprouvent
au moment d'entreprendre un voyage long et quelquefois périlleux.
A Angers, le lieu du rendez-vous est ordinairement le toit si vaste
et si élevé du Musée. Pendant plusieurs jours elles se livrent à des
exercices préparatoires et simulent un départ général ; les chefs
trouvent ainsi le moyen de reconnaître celles qui par leur énergie
et la puissance de leur vol, pourront être placées en première ligne
et celles qu'il faudra mettre au centre et qui auront besoin d'être
soutenues et encouragées.

Après plusieurs jours d'attente et de préparatifs, quand les chefs
croient être certains que toutes les hirondelles ont été averties et
que toutes les dispositions sont prises, on entend un cri général qui
paraît être un assentiment unanime. On dirait une de ces anciennes
assemblées parlementaires tumultueuses, acclamant un vote d'où
dépend le bien-être d'un grand peuple. A ces cris succède un silence
général et toute la colonie part avec la rapidité de la flèche, au commencement de la nuit, selon le mot d'ordre donné par les chefs,
afin d'échapper plus facilement aux oiseaux de proie et pour éviter
l'action énervante du soleil et de la chaleur. C'est ce voyage exécuté
pendant la nuit qui a contribué à jeter tant d'incertitude sur l'émi-
gration des hirondelles.

HIRONDELLE DE RIVAGE — *Hirundo riparia.*

Cette hirondelle, plus petite que les espèces précédentes, est aussi
plus vive et plus pétulante dans la chasse qu'elle fait aux insectes.
Elle doit son nom aux lieux qu'elle habite et dans lesquels elle se reproduit. Elle ne quitte guère les bords des rivières et des fleuves et
établit son nid dans les trous des rats d'eau Quand elle n'en trouve

pas de convenables, elle cherche des terrains friables, choisit ordinairement ceux qui sont escarpés ou coupés à pic par des éboulements. Elle creuse avec rapidité un trou de 0ᵐ 50 de profondeur. L'ouverture en est étroite pour opposer un obstacle à l'introduction des ennemis de la petite famille, et afin de pouvoir être défendue au besoin avec plus de facilité. Le boyau qui y conduit est souvent en zig-zag et présente ainsi un nouveau moyen de sûreté. L'extrémité au contraire se développe et offre une excavation plus spacieuse et plus commode pour les différents mouvements de la couveuse. Le nid qui en tapisse le fond est garni de paille, de duvet, de plumes, etc. et contient cinq ou six œufs blancs, piriformes, très fragiles et même transparents. Ils ont ordinairement 0ᵐ 017 de longueur et 0ᵐ012 de diamètre.

L'hirondelle de rivage ne fait qu'une couvée et pour dissimuler la véritable entrée de son nid, elle s'y précipite de plein vol et sans ralentir la rapidité de sa course. Au moyen de ses ongles longs et crochus, elle peut se fixer aux bords de son nid ou aux flancs des rochers ou des rives escarpées jusqu'à ce qu'elle ait saisi la proie qu'elle y a aperçue.

Hirondelle de rocher. — *Hirundo rupestris*.

L'hirondelle de rocher vient rarement en Anjou, elle habite les pays de montagnes. C'est là qu'elle fait son nid de la même manière que sa compagne de cheminée, avec cette différence toutefois qu'elle l'appuie le long des rochers et qu'elle emploie quelques petits morceaux de gravier pour lier la terre, à la place du foin et de la paille. La femelle ne fait qu'une ponte. Les œufs au nombre de cinq ou six sont d'un blanc pointillé de brun; leur longueur ordinaire est de 0ᵐ 020 et leur diamètre de 0ᵐ 014. Ils se distinguent de ceux de l'hirondelle de cheminée, par des proportions ordinairement plus fortes et surtout par des taches plus larges et d'une couleur plus foncée.

Cette espèce montre moins de tendresse pour ses petits que ses congénères. Peut-être faut-il attribuer cette disposition aux lieux qu'elle habite. Offrant peu de dangers et fournissant plus de ressources, ils exigent moins de précautions.

Je termine ces notions par quelques renseignements propres à faire distinguer les quatre espèces d'hirondelles.

Le manteau de l'hirondelle de cheminée est d'un noir à reflets bleuâtres, le dessous du corps est blanchâtre avec une légère teinte aurore. Les mâles ont les couleurs plus vives que les femelles.

La gorge et le croupion de l'hirondelle de fenêtre sont d'un beau blanc. Ce dernier caractère lui a fait donner le nom de *cul-blanc*. Le reste du corps est d'un noir lustré.

Le collier et le manteau de l'hirondelle de rivage sont d'un gris de souris; les autres parties, d'un blanc pâle. Cette espèce est beaucoup plus petite que ses congénères. Le mâle affecte une couleur plus sombre que la femelle et sa gorge reflète une teinte jaunâtre.

L'hirondelle de rocher, la plus grosse des quatre espèces qui se montrent en Anjou, a toutes les plumes d'un gris bordé de roux.

QUATRIÈME GENRE.

GOBE-MOUCHES. — *Muscicapæ*.

Les *gobe-mouches* complètent la famille des *latirostres*. La Faune de Maine-et-Loire comprend trois espèces de ces oiseaux. Dans les pays chauds où les insectes sont très multipliés et très-incommodes, les *gobe-mouches* se trouvent en grand nombre et la force de ces auxiliaires de l'homme croît en proportion avec celle de ses ennemis. Ils ne viennent en notre département que pendant l'été, lorsque leur présence est utile et nécessaire aux hommes et même aux troupeaux qu'ils délivrent des insectes qui les poursuivent ou persécutent en plein air. Les *gobe-mouches* ont le bec comprimé à la base, presque triangulaire et garni de poils longs et durs, caractère qui se retrouve chez presque tous les oiseaux qui vivent d'insectes ailés. Ces latirostres sont solitaires et querelleurs; ils doivent leur nom aux petites mouches qui composent leur nourriture ordinaire. Pour les saisir, ils se tiennent souvent à l'extrémité des arbres, d'où ils s'élancent sur leur proie quand elle passe à leur portée. Ils voltigent aussi de branche en branche et descendent jusqu'à terre, selon que les variations de l'atmosphère engagent les insectes à se tenir dans des endroits plus ou moins élevés. Les *gobe-mouches* recherchent les bois frais, les promenades publiques et les lieux dans lesquels viennent paître les troupeaux. Le plus souvent ils saisissent les mouches au vol pour les manger ensuite sur la branche d'où ils se sont élancés. Presque tous les mouvements des *gobe-mouches* sont accompagnés d'un balancement des pennes de la queue, habitude qui leur imprime une physionomie toute particulière et a contribué à faire de leur nom une épithète peu flatteuse.

GOBE-MOUCHES GRIS. — *Muscicapa grisola.*

Les deux dénominations, française et latine, données à cet oiseau, ont entièrement la même signification. La première indique la nourriture (*muscas capere*, prendre les mouches) et la seconde la couleur de ce latirostre.

Le *gobe-mouches gris* est commun dans notre département, pendant l'été. Il fait un nid assez grossier, qu'il appuie sur quelques inégalités du tronc des arbres. D'autres fois, il le place sur des ceps de vigne. Ce nid contient ordinairement quatre ou cinq œufs d'un fond blanc ou jaune pâle, couvert de taches roussâtres ; leur longueur est de 0^m018 et leur diamètre de 0^m014.

GOBE-MOUCHES A COLLIER. — *Muscicapa albicollis.*

L'épithète *à collier blanc* sert à distinguer ce gobe-mouches du précédent. Les habitudes sont presque les mêmes. Plus vif que les gobe-mouches gris, mais aussi stupide, il se tient ordinairement plus près de terre ; il niche assez souvent dans les trous des *sitelles*, des *torcols*, des *mésanges*, et aime à profiter du travail des autres. Ses œufs, au nombre de quatre ou cinq, sont d'un bleu pâle ou d'un vert sale ; leurs dimensions ordinaires sont 0^m019 et 0^m013.

GOBE MOUCHES BEC-FIGUE. — *Muscicapa luctuosa.*

Le mot *luctuosa* qui signifie *sombre, couleur de deuil*, indique la particularité distincte du plumage de cette espèce. Ce *gobe-mouches*, moins défiant encore que ses congénères, recherche les insectes qui vivent dans les figuiers et sur les fruits de ces arbres. La chasse qu'il fait à ces insectes et les mouvements nécessaires auxquels il se livre pour les saisir, ont fait croire qu'il becquetait les figues. Mais cette opinion ne peut s'appuyer que sur quelques cas qui offrent plutôt une exception qu'une règle générale.

Ce *gobe-mouches* niche comme le précédent ; ses œufs, ordinairement au nombre de quatre ou cinq, ont souvent une forme oblongue et sont d'un bleu verdâtre peu prononcé. Leur longueur est de 0^m017 et leur diamètre de 0^m012.

Les deux dernières espèces sont beaucoup plus rares dans notre département que le *gobe-mouches gris*. Elles ne font que le traverser à différentes époques de l'année sans s'y arrêter pour nicher.

Dentirostres.

La troisième famille de l'*ordre* des *passereaux* comprend les *dentirostres* ; ceux-ci doivent leur nom à l'échancrure qu'ils ont au bec, caractère qui les rapproche des *rapaces* ; ce mot est composé de *dens*, *dentis*, dent et de *rostrum*, bec et signifie dès lors *bec avec des dents*, *bec dentelé*.

PREMIER GENRE.

PIE-GRIÈCHE. — *Lanius.*

Je donnerai l'étymologie du mot *pie* quand il s'agira de la véritable *pie, corvus pica* et je me bornerai à expliquer maintenant l'épithète donnée au premier genre des *dentirostres*.

La dénomination *grièche*, vient de *græca*, *grec* ; elle a été attribuée à ces oiseaux pour indiquer le pays où ces passereaux sont très-communs et pour désigner parfaitement les mœurs des *pies-grièches*.

Ortie grièche, perdrix grièche signifient ortie grecque, perdrix grecque. Autrefois les Français appelaient les cailles des *grièches* parce que ces oiseaux paraissaient venir des provinces de la Grèce.

Dans notre langue, l'épithète *grec, grecque* conserve les significations attachées au mot *græco*, *faire le grec*, c'est-à-dire être *hautain, persécuteur* et *de mauvaise foi, tendre des piéges aux faibles* etc. Dès lors on a donné ce nom aux personnes auxquelles on supposait des habitudes désagréables, un caractère sans pitié, une tendance à des querelles incessantes jointe souvent à un bavardage fatigant. En un mot l'épithète *pie-grièche* est restée parmi nous comme une véritable injure. Toutes les mauvaises acceptions de cet adjectif conviennent entièrement au premier genre des *dentirostres*. Quoique petites et armées de doigts peu redoutables, les *pies-grièches* luttent contre tous les rapaces, non seulement pour se défendre, mais même pour les éloigner quand elles pensent que les oiseaux de proie ne se tiennent pas à une distance assez considérable des lieux où elles ont fixé leur séjour.

Les *pies-grièches* mettent en fuite les corneilles, les cresserelles et soutiennent même avec avantage le combat contre les milans et les buses. Elles poursuivent les petits oiseaux, les jeunes levrauts, leur crèvent la tête avec le bec ou les étranglent avec les ongles. Leur audace est telle que dans les pays où l'on tend des piéges aux oiseaux de passage, elles s'élancent au milieu des filets pour tuer et saisir les appeaux, même lorsque ces derniers sont des chouettes chevêches. Elles immolent aussi des souris, des mulots et d'autres petits mammifères.

Le mot latin *lanius* signifie *bourreau, boucher* ; il peint ainsi d'une manière très expressive les mœurs des *pies-grièches*. Comme les bourreaux elles font un grand nombre de victimes et insultent encore au malheur de celles-ci par des cris stridents et railleurs ; elles semblent vouloir couvrir leur voix et étouffer leurs plaintes. Non seulement les dentirostres tuent des oiseaux et des insectes en quantité suffisante pour assouvir leur appétit vorace, mais elles prévoient encore à l'avenir en faisant des réserves abondantes. Les *pies-grièches* enfilent alors une série de gros coléoptères dans les épines des buissons élevés et touffus et se rapprochent ainsi des bouchers en faisant en quelque sorte un étalage des victimes qu'elles ont immolées.

Cependant ces oiseaux qui sont en querelle incessante avec tous ceux qui les entourent prennent un soin affectueux de leurs petits, qu'ils nourrissent et défendent avec une tendresse et un courage extraordinaires. Lorsque ceux-ci sont sortis du nid, ils restent avec leur père et leur mère et forment une espèce de société dont les membres ne se séparent qu'à l'approche du printemps suivant.

Quatre espèces de *pies-grièches* apparaissent et nichent en Anjou.

PIE-GRIÈCHE GRISE. — *Lanius excubitor.*

Cette pie-grièche, la plus grosse des quatre espèces, est rare dans notre département. Elle se montre le plus particulièrement dans le Saumurois, où elle niche en petit nombre. L'épithète *grise* désigne la couleur de son plumage et le mot *excubitor* (sentinelle) retrace une de ses habitudes les plus singulières. Cet oiseau aime en effet à se tenir à la pointe des branches isolées et les plus élevées des haies ou des arbres, *à y faire sentinelle* jusqu'à ce qu'il aperçoive une proie sur laquelle il se précipite pour l'immoler et reprendre ensuite sa première position. De temps en temps il pousse une espèce de cri, de *qui rive*, pour effrayer et faire sortir de leur retraite les gros insectes ou les petits oiseaux.

Cette pie-grièche mange rarement sur place sa proie. Elle la dépèce à terre et l'emporte ensuite pour la dévorer plus à son aise, à l'extrémité des arbres ou des buissons.

Elle construit son nid sur la branche fourchue d'un arbre élevé; il est ordinairement composé de mousse desséchée, encadrée d'herbes longues et fines, et tapissé à l'intérieur de débris grossiers de laine.

Les œufs au nombre de quatre à six affectent bien des formes; les uns sont piriformes, d'autres oblongs ou présentant une très-légère différence dans le diamètre des deux extrémités. Le fond de la coquille est ordinairement d'une couleur fauve; quelques uns de ces œufs sont pointillés uniformément de taches d'un gris noir; d'autres sont parsemés de taches plus épaisses et fondues en quelque sorte avec la nuance de la coquille. Leur longueur varie de 0^m 025 à 0^m 028 et leur diamètre de 0^m 016 à 0^m 019.

PIE-GRIÈCHE A POITRINE ROSE. — *Lanius minor*.

Les noms de cette pie-grièche, bien plus répandue en Anjou que la précédente sont fondés sur la couleur des plumes de sa poitrine et sur la proportion de sa taille inférieure à celle de la *pie-grièche grise*. Très souvent aussi on l'appelle *pie-grièche d'Italie* parce qu'elle se tient presque toujours dans les peupliers d'Italie auxquels elle confie ordinairement son nid. Celui-ci est formé de petites racines entrelacées; l'intérieur est garni de mousse, de laine et quelquefois de plantes odoriférantes. Cette pie-grièche moins défiante et plus sociale que la précédente, s'éloigne moins des habitations de l'homme pour construire son nid. Il renferme de cinq à six œufs un peu oblongs, d'un vert clair et blanchâtre, parsemé de larges taches brunes ou de couleur olive. Leur longueur est de 0^m 024 à 0^m 027 et leur diamètre de 0^m 016 à 0^m 017.

PIE-GRIÈCHE ROUSSE. — *Lanius rutilus*.

Les deux épithètes latine et française font connaître la couleur du plumage de cette espèce plus petite encore que les précédentes. La *pie-grièche rousse* imite et contrefait le cri ou le chant des oiseaux dans le voisinage desquels elle vit. Cette faculté lui fournit un moyen de tendre des piéges, d'attirer, tromper et multiplier ses victimes. Elle justifie encore ainsi la justesse du nom qui a été donné à ces dentirostres. Le nid du *lanius rutilus* est fait avec plus de soin que celui de ses congénères. Formé de petites racines liées entre elles avec art, son intérieur est garni de crins, de laine et de brins d'herbe très-fins. Les œufs, au nombre de quatre à six, sont d'un vert très pâle, presque blanchâtre, parsemé de taches brunes et presque effacées.

La pie-grièche rousse manifeste envers ses petits une tendresse encore plus grande que les autre pies-grièches. La persévérance qu'elle met à couver ses œufs est telle que la femelle se laisse facilement prendre à la main plutôt que d'abandonner son nid. Le grand diamètre de ses œufs varie de 0^{m}020 à 0^{m}023 et le petit de 0^{m}014 à 0^{m}016.

PIE-GRIÈCHE ÉCORCHEUR. — *Lanius collurio.*

Cette pie-grièche se plaît à briser la tête de ses victimes et à les dépouiller lorsque celles-ci sont des petits oiseaux.

Le nom scientifique *collurio* peint d'une manière très expressive cette habitude. Les Grecs appelaient cette pie-grièche Κολλυριων, Κορυλλιων, dont la racine est κορυς, casque et λειοω, broyer. Maintenant encore on donne aux pies-grièches et à l'écorcheur surtout, le nom *picquoys*, vieux mot français signifiant *pic* dont on se servait en guise de hache. Cette dénomination indique que ces oiseaux usent de leur bec comme d'un pic ou d'une hache pour briser la tête de leurs victimes. L'*écorcheur* est la plus petite des pies-grièches de l'Europe; il niche dans les buissons épais et touffus et même dans les ajoncs. Son nid à l'extérieur est composé comme celui de ses congénères, mais l'intérieur est ordinairement garni de matières plus molles et mieux choisies. Les œufs au nombre de cinq à six varient beaucoup de formes et de couleurs. Les uns sont ronds, d'autres oblongs, quelques-uns piriformes ; tous portent une couronne vers le gros bout formée de petits points pressés ou de taches rougeâtres assez régulières. La couleur de la coquille est ordinairement d'un blanc roux dont la nuance est plus ou moins foncée. Quelquefois elle a une teinte orange ; elle revêt aussi un brillant que ne présentent pas les œufs des autres espèces de pies-grièches. Ceux de l'*écorcheur* ont de 0^{m}020 à 0, 024 de longueur et de 0^{m}014 à 0^{m}016 de diamètre.

DEUXIÈME GENRE.

MERLE. — *Merula turdus.*

Le mot *merle* désigne un genre assez nombreux. Six espèces de merles habitent ou visitent l'Anjou. Le principe de ce nom est *merula* dont la racine me semble être *merus*, pur, sans taches et indiquer que le plumage de cet oiseau est d'une seule couleur et sans aucun mélange. *Merus* signifie aussi solitaire et cette dénomination a été donnée au merle *quia vaga et solitaria pascitur*. En effet ces oiseaux ne se réunissent jamais comme les corneilles, les pies, etc., pour chercher leur nourriture et lorsque plusieurs merles se trouvent dans le même champ, chacun d'eux s'éloigne de ses congénères et semble craindre de partager avec les autres la proie qu'il peut découvrir. Cette habitude rentre dans le caractère du merle qui est d'une défiance excessive que l'on est trop souvent porté à admettre pour de la ruse. Quant au substantif ou à l'adjectif *turdus* c'est le mot primitif employé par les Romains pour désigner d'une manière particulière les grives et dont on a étendu la signification à tous les oiseaux de ce genre. Peut-être pourrait-on en trouver la racine dans les noms des *Turduli* et *Turdetani*, peuples d'Espagne. Ce qui semblerait fortifier cette étymologie, c'est le grand nombre de grives qui se trouvent en Espagne et l'habitude des peuples de cette contrée d'engraisser ces oiseaux pour les manger ou pour les vendre aux Romains; *nam Turdetani et populi sunt qui turdos saginant et vendunt et qui turdorum avidi sunt* (Lexicon Forcellini). Enfin le nom d'*iliacus* donné au *merle mauvis* parce que ce passereau se trouve en grand nombre aux environs d'Ilion, viendrait encore corroborer mon hypothèse en prouvant qu'on donnait autrefois aux oiseaux le nom du pays qu'ils habitaient.

MERLE DRAINE. — *Turdus viscivorus.*

L'épithète *draine* peut avoir pour racine deux mots grecs : δρῦς, chêne, et αὐδή, voix, d'αὐδάω, crier, et désigner ainsi une habitude caractéristique de ce merle qui fait entendre un chant dur et sifflé en fuyant d'arbre en arbre. Elle peut aussi dériver de δραμεῖν (δραμῶ) signifiant fuir avec rapidité, étymologie qui aurait l'avantage de peindre avec énergie la vie de la *draine*, vie qui s'écoule dans une fuite incessante accompagnée d'un certain cri d'inquiétude.

Dans le midi de la France, *draie* signifie chemin, et s'*adrayer*, indique l'action d'un homme qui travaille à s'habituer à parcourir rapidement une longue route.

Peut-être à la pensée d'une opération qui prend depuis quelque temps des proportions colossales en France, serait-il permis de trouver dans le mot *draine* un rapport éloigné avec le *drainage*, dont la racine *to drain* veut dire épuiser, dessécher? Le merle *draine* vit d'insectes et de vers, il aime à chercher ces derniers dans la terre détrempée par la pluie. Quand l'eau est tombée en abondance et qu'elle a pénétré profondément le sol, on aperçoit des troupes de *draines* creusant avec leur bec et leurs pieds de petits sillons. Leur but est de trouver plus facilement les vers et de faciliter ainsi l'écoulement de l'eau qui les gêne dans ce moment, après avoir été cependant la cause de l'abondance de leur récolte.

Le nom de *draine, drenne,* n'est peut-être qu'un mot qui retrace le chant saccadé de cet oiseau, *dre, dre, trre, trre,* qui lui a fait donner les épithètes vulgaires de *traie* et de *criarde.*

L'adjectif *viscivorus* retrace encore une des habitudes de la *draine,* celle de manger le gui du chêne et des autres arbres (*viscum,* gui et *vorare,* manger, dévorer).

Cet oiseau fixe ordinairement son nid à la bifurcation des grosses branches des arbres, à une hauteur moyenne. Il paraît rechercher de préférence les arbres fruitiers à tous les autres, probablement parce que l'extérieur de son nid se mariant mieux avec la couleur de ces arbres échappe plus facilement aux yeux de ses ennemis. En effet, ce nid dont les dimensions sont très grandes et contribuent ainsi à le trahir, est composé à l'extérieur de racines et de petites branches entrelacées, mélangées et revêtues de lichens blancs qui couvrent ordinairement en grande quantité l'écorce des arbres fruitiers. L'intérieur est garni de mousse ou d'herbes et de racines fines. Le nombre des œufs est de quatre à six; ils varient beaucoup de grosseur et de couleur. Le plus souvent le fond de la coquille est d'un roux parsemé de taches d'un violet terne et presque effacé. Quelques-uns revêtent une couleur uniforme et verdâtre et offrent quelque ressemblance avec certains œufs d'*étourneau.* Leur longueur est de 0^m 025 à 0^m 032 et leur diamètre de 0^m 018 à 0^m 022.

MERLE LITORNE. — *Turdus pilaris.*

Ce merle, plus petit que le précédent, apparaît dans les différentes contrées de l'Europe par bandes nombreuses pendant l'automne ou l'hiver et se retire ensuite au sein des forêts des régions du Nord, dans lesquelles il se reproduit. Sa chair est jugée bien inférieure à celle des autres merles ; elle est imprégnée d'une amertume assez prononcée, provenant selon toute probabilité de quelques espèces de baies qui composent en partie sa nourriture. Peut-être trouverait-on dans cette particularité l'étymologie de son nom, λιτος, vil, petit, et ορνις, oiseau, oiseau de peu de valeur.

L'épithète *pilaris* indique que la litorne a autour du bec des poils plus longs que ceux des autres grives. Ce merle voyage en troupes innombrables et occasionne des ravages considérables dans les propriétés sur lesquelles il s'arrête. Il mange avec une avidité et une gourmandise devenues proverbiales. Pour assouvir son appétit insatiable, il abat encore plus de fruits qu'il n'en dévore. Son nom ne dériverait-il pas de *pilo, pilare,* voler, ravager ? Dès lors le mot *litorne* ne s'expliquerait-il pas dans le même sens par antiphrase ? car λιτος signifie aussi *frugal.*

Le merle *litorne* appuie sur les branches ou le tronc des arbres un nid ayant quelque ressemblance avec celui de la *draine.* Les œufs au nombre de quatre à six, sont le plus souvent d'une couleur verte, parsemés de petits points roux, bruns ou noirâtres et régulièrement plus gros et moins pointus que ceux du merle noir. Leur longueur varie de 0ᵐ 025 à 0ᵐ 03 et le diamètre de 0ᵐ 018 à 0ᵐ 022.

MERLE GRIVE. — *Turdus musicus.*

L'épithète *grive* me semble avoir été donnée à ce merle parce qu'il aime à fréquenter les vignes, à manger les raisins, à *se griser.* En effet, le mot *se griser* vient du latin *græcari,* signifiant *faire le grec,* se livrer à l'*ivrognerie,* à une *gaîté bruyante,* exploiter les autres en s'emparant avec une adresse plus ou moins grande de ce qui leur appartient, etc. Les mots *grec* et *gris* étaient synonymes dans le moyen âge, comme il est facile de s'en convaincre par ces expressions du vieux roman d'Alexandre : *Il fut bien escouté d'Alixandre et des gris.* D'où le mot *gris* n'indiquait pas seulement la couleur désignée par ce nom, mais encore une conduite semblable à celle des Grecs, et pour représenter les habitudes de ceux qui se livraient aux excès du vin et à toutes les tristes conséquences de l'ivresse, on pouvait dire indifféremment qu'ils faisaient les *grecs* ou les *gris.* Du mot gris, on a formé, selon Génin, *grin* et le féminin *griue* et enfin *grive.* Villehardouin appelle la Grèce, la Grième.

L'adjectif *grivois* donné aux soldats ou aux personnes qui se livrent à une joie folle, fruit de l'ivresse, vient encore corroborer cette opinion. Il en est de même du nom par lequel on désigne ces femmes dissolues qui s'abandonnent à toute espèce de désordres, préparés, fortifiés presque toujours par l'usage immodéré du vin et dès liqueurs.

L'habitude du merle *grive*, de manger des raisins avec une avidité insatiable, justifierait alors complètement la signification de l'épithète qui lui a été donnée. *Grivelée* signifiait autrefois *petite volerie*. Enfin le proverbe populaire *soûl comme une grive*, sanctionne encore la justesse de cette étymologie et s'appuie lui-même sur les faits recueillis par les chasseurs. Ceux-ci ont constaté chez les grives une véritable ivresse manifestée dans leur vol et dans l'ensemble de leurs mouvements pendant leur séjour dans les vignes.

Quant à l'épithète *musicus, musicienne*, elle a été donnée au merle *grive* à cause de son chant, le plus agréable de tous ceux des oiseaux de son genre. Le merle et la grive sont deux des plus délicieux chantres de la campagne. Leur voix pénétrante et fortement accentuée s'étend à plusieurs kilomètres de distance. Les notes de leur chant, ordinairement sur un diapason fort élevé, tranchent par leur intensité sur toutes les autres voix et forment comme la haute-contre du concert harmonieux que les oiseaux nous donnent au printemps en fêtant par un hymne d'amour l'œuvre de la création qui sans cesse se renouvelle.

Cependant la grive a quelque chose dans ses notes de bien supérieur au merle dont le chant est plutôt sifflé que chanté. Le rossignol avec les incroyables ressources de son gosier n'a rien d'aussi sonore que le *zip, zip* ou *trhit, trhit* de la *grive*. Les autres parties du chant de celle-ci ne se reproduisent pas d'une manière régulière, elles paraissent plutôt résulter de l'inspiration du moment. Peut-être pourrait-on admettre l'hypothèse que le nom de *grive* a été donné à cet oiseau par onomatopée et par corruption de son chant τρι-τρι, ou grigri. Le *merle grive* chante principalement lorsque le temps est frais et même froid ; il semblerait que plus la température s'abaisse, plus son gosier acquiert d'élasticité et de puissance. L'air plus dense transmet aussi son chant avec plus de netteté et ce chant est si attrayant que quand une grive se fait entendre on se sent porté à s'arrêter pour en jouir. Ses phrases ne se touchent pas, elles laissent entre chacune d'elles quelques secondes d'intervalle, particularité qui dispose encore à prêter l'oreille avec plus d'attention.

Le merle niche dans notre département et établit son nid dans les taillis, les buissons épais ou sur les arbres peu élevés. Presque chaque année plusieurs couples se reproduisent dans les taillis appartenant à M. de Boguais et situés derrière la chapelle des Martyrs, c'est la qu'on peut facilement étudier les mœurs de cette grive et jouir de la beauté de son chant. Le nid de cet oiseau est composé de terre gachée ; à l'extérieur il est revêtu de mousse et d'herbes fines. Les œufs au nombre de quatre à six reposent sur la terre nue ; ils sont d'une belle couleur bleu de ciel avec des taches rondes, d'un noir foncé, plus ou moins grosses, répandues sur toute la coquille et formant quelquefois une couronne vers le gros bout. Ces œufs sont ordinairement beaucoup plus ronds que ceux des autres oiseaux de ce genre ; ils ont de 0^m025 à 0^m028 de longueur et de 0^m019 à 0^m022 de diamètre.

Merle-Mauvis. — *Turdus iliacus.*

Le nom scientifique *iliacus* indique que ce merle venait des côtes d'Asie, des environs d'Ilion où il séjournait en si grand nombre qu'il semblait en quelque sorte y avoir acquis le droit de cité (*Iliacus*). Quant au mot *mauvis* il dérive de *mala, avis* et signifie *oiseau malfaisant*, désignation justifiée par les ravages qu'il exerce dans les vignes où il s'arrête pour assouvir sa faim insatiable. Ducange traduit *mauvis* par *malvitius* et Génin l'interprète par le mot français *malvis*, mauvais visage. La pensée resterait la même, car ce mot indiquerait que le *mauvis* est semblable à ces êtres d'un visage sinistre, que l'on craint de voir à cause de leurs nombreux méfaits.

Le *merle mauvis* établit son nid dans les buissons. Ses œufs, au nombre de quatre à six, sont d'un bleu verdâtre, parsemés de petits points noirs. Leur coquille est généralement plus luisante que celle des autres merles. Ces œufs dont le grand diamètre est de 0^m023 et le petit de 0^m018, sont déposés dans un nid façonné avec des herbes grossières et de la mousse.

Le *mauvis* niche en grande quantité aux environs de Dantzig ; presque partout ailleurs, il ne fait que passer sans se reproduire.

Merle a plastron. — *Turdus torquatus.*

Les noms français et latin donnés à ce merle ont le même sens et sont fondés sur le plastron blanc qui décore sa poitrine. Ce plastron est plus ou moins prononcé selon l'âge de l'oiseau ; il est toujours moins étendu chez la femelle que chez le mâle. Chaque année le merle à plastron visite notre département et un certain nombre de couples s'y arrêtent pour nicher. Placé à une petite élévation de terre, au milieu ou au pied des buissons, le long du tronc des arbres, le nid est formé de feuilles sèches, de racines et de mousse liées ensemble par de la terre argileuse. L'intérieur est garni de mousse ou de foin. Les œufs d'un vert bleu sont parsemés de taches d'un brun rougeâtre, formant quelquefois une couronne vers le gros bout. Les taches sont régulièrement moins nombreuses mais plus larges que celles des œufs du *merle noir*. Ils ont beaucoup de ressemblance avec quelques variétés de ces derniers, cependant leurs dimensions sont presque toujours plus fortes. Ils pourraient aussi se confondre avec de gros œufs oblongs du *merle draine*. Leur longueur varie de 0^{m}026 à 0^{m}030 et leur diamètre de 0^{m}019 à 0^{m}022.

MERLE NOIR — *Turdus merula.*

Les épithètes données à ce merle s'expliquent d'elles-mêmes et sont fondées sur son plumage sans mélange et plus noir encore que celui du corbeau. Le *merle noir*, le plus commun des oiseaux de ce genre, est sédentaire en Anjou. Il établit son nid tantôt à terre, sur les talus des fossés, habitude qui lui a fait donner le nom de *merle terrier*; tantôt au pied des buissons épais, sur la tête des arbres émondés, le long des vieilles souches entourées de lierre. Ces nids, dont quelques-uns sont bien façonnés, présentent des dimensions assez considérables; ils sont composés de racines, de feuilles desséchées, de mousse, de foin et revêtus quelquefois à l'extérieur de terre argileuse. Les œufs au nombre de quatre à six présentent un grand nombre de variétés bien différentes les unes des autres. Quelques uns sont ronds, d'autres oblongs, piriformes, etc. Leur couleur se nuance du vert très foncé au jaune d'ocre. Tous sont pointillés de brun clair ou jaunâtre. Quelquefois les points sont si petits et si multipliés qu'ils semblent composer le fond de la coquille et forment une seconde couche qui couvre la première. Enfin quelques-uns présentent une couronne vers le gros bout ou une large tache en forme de calotte. Leur grand diamètre est de 0^{m}025 à 0^{m}032 et le petit de 0^{m}016 à 0^{m}022.

Le merle noir a une antipathie extrême pour le renard, c'est lui qui souvent du haut des arbres indique aux chasseurs la retraite de cet animal et l'accompagne et le poursuit de ses cris, pendant plus d'un kilomètre de distance.

TROISIÈME GENRE.

LE GRAND JASEUR DE BOHÈME. — *Bombycilla garrula.*

Le grand jaseur doit son nom au gazouillement qu'il se plaît à faire entendre et qui le distingue des oiseaux qui chantent ou qui parlent. L'adjectif *grand* sert à le séparer du jaseur d'Amérique auquel il ressemble sous plusieurs rapports, mais dont il s'éloigne par des proportions plus grandes. Errant et vagabond, cet oiseau n'a pas de patrie connue ; comme les bohémiens il semble suivre dans ses migrations continuelles plutôt un caprice qu'un besoin. Partout on le trouve et toujours de passage. A certaines époques il apparaît par bandes nombreuses dans quelques contrées pour ne plus revenir qu'à des dates éloignées et irrégulières.

Le grand jaseur n'habite pas la Bohême, il ne vient dans cette province que d'une manière accidentelle, et le nom de *bohême* n'a été ajouté au sien que parce que les Autrichiens en voyant autrefois des bandes innombrables de *jaseurs* s'abattre sur leur pays du côté des frontières de cette province, avaient pensé que la Bohême était la véritable patrie du *bombycilla*.

Le mot *garrula* signifie *jaseur* et l'adjectif *bombycivora* (de *bombyx*, *bombycis*, vers à soie et *vorare*, dévorer) indique que les vers à soie sont recherchés par cet oiseau. Peut-être trouverait-on dans ce goût particulier, un motif des migrations incessantes du *grand-jaseur*.

Cet oiseau est aussi très souvent désigné par le mot *bombycilla* dont l'étymologie me paraît être *bombyx* soie et *cilium*, cil. Dès lors cette épithète indiquerait une particularité propre au *grand-jaseur* dont les narines sont cachées sous de petites plumes soyeuses dirigées en avant. Ces plumes se relèvent en forme de panache et viennent ombrager ses yeux.

Jusqu'à ce moment-ci (août 1858) les ornithologistes français n'avaient sur le lieu, le temps et le mode de nidification du *grand-jaseur* que des renseignements faux ou très incomplets. Un naturaliste de l'Allemagne, M. Henr.-Ferd. Moeschler, que j'avais prié de vouloir bien faire exécuter des recherches sur cette question, par ses correspondants du nord de l'Europe, vient de m'adresser six œufs du grand-jaseur et quelques détails obtenus après plusieurs années d'investigations incessantes et pénibles. Grâces à la persévérance et à la bienveillance de mon correspondant et ami, je puis donner sur le nid et les œufs du *bombycilla garrula* des notions détaillées et précises.

Le *grand-jaseur* se réunit en troupes assez considérables dans la Laponie vers la fin du printemps. Dès le commencement de juin le mâle et la femelle travaillent à la construction du nid. Ils choisissent de préférence les pins, les sapins et les bouleaux les plus élevés. Ce nid est appuyé ordinairement à la bifurcation de plusieurs branches. Le diamètre est d'environ $0^m 14$ et l'épaisseur des bords de $0^m 03$. La base ainsi que la partie extérieure sont composées de petites branches sèches de sapin ou d'autres arbres des régions boréales. Les vides entre ces branches sont remplis par des mousses telles que le *bryum* et l'*hypnum* ainsi que par les feuilles aciculaires des pins et les flocons du coton des arbres. La coupe du nid a 0ᵐ 03 de profondeur ; elle est formée presque exclusivement de filaments très déliés de l'*usnée barbue* ou *chevelue (usnea barbata)*, espèce de lichen qui croît ordinairement sur le tronc des vieux arbres et pend en masses filamenteuses plus ou moins longues et plus ou moins touffues. L'intérieur est garni de tiges fines de *gramen* mêlées à des plumes de *lagopède,* ou à celles du *grand-jaseur* lui-même. Par sa forme et les matières qui le composent, ce nid se rapproche de celui du *casse-noix.* La ponte a lieu ordinairement vers la fin de juin ; elle varie de 4 à 6 œufs. Ceux-ci ont de 0ᵐ 022 à 0ᵐ024 de longueur et de 0ᵐ 016 à 0ᵐ 018 de diamètre. Le fond de la coquille est d'un blanc bleuâtre ou d'un gris perle pâle, moucheté de taches rondes ou un peu oblongues d'un noir assez foncé surtout vers le centre, ou enfin d'un bleu gris pâle. Ces taches sont répandues régulièrement sur toute l'étendue de la coquille. Quelques-unes, ayant les mêmes formes mais une couleur plus pâle que les premières, semblent presque effacées ou fondues dans la teinte primitive de l'œuf. Elles représentent, en quelque sorte, une seconde couche plus foncée, mais incomplète et ne couvrant qu'irrégulièrement une partie de la coquille. Les œufs du *grand-jaseur* affectent une forme assez allongée et un peu piriforme. Moins gros et moins ventrus que les œufs du *gros-bec* ordinaire (*Fringilla coccothraustes*), et d'une teinte plus vive, ils en diffèrent encore par leurs taches petites et presque rondes, tandis que celles des œufs du *gros-bec* sont formées assez ordinairement de larges points étendus en zig-zag.

QUATRIÈME GENRE

LE LORIOT. — *Oriolus galbula.*

Le loriot est un des oiseaux les plus beaux qui visitent notre continent. Il habite le nord de l'Afrique et chaque année il se répand dans les contrées méridionales de l'Europe pour s'y reproduire. Le loriot doit, selon quelques auteurs, son nom à son cri : *ouriou, ouriou,* que l'on traduit trop facilement par celui de *louriou, louriot, loriot.* Cependant la véritable étymologie de ce nom me semble se trouver dans son nom grec χλώριον dont la racine χλωρός signifie *jaune,* et désigne la belle couleur de la plus grande partie du plumage du mâle adulte. Le nom latin *oriolus* me paraît dériver de la même source. Quant à l'épithète *galbula*, *verdâtre*, elle peint la couleur de la femelle et celle des petits, car par une coïncidence touchante, les petits dans presque toutes les espèces ressemblent par leur plumage avant la mue, à celle dont la sollicitude veille avec tant d'empressement sur les premiers instants de leur vie.

Le loriot choisit la bifurcation de petites branches, à l'extrémité des arbres les plus élevés, pour y établir son nid. Celui-ci est composé de brins de foin, de paille, artistement entrelacés; il est assujetti aux deux branches par des galons, des fils, des rubans, des filaments de chanvre, des chaines de montre, des lacets recueillis sur les grandes routes. Ces tissus s'enroulent plusieurs fois autour des branches, pénètrent dans le nid en liant fortement les différentes parties entre elles. L'intérieur est garni de laine, de crin, du duvet des fleurs et même quelquefois de papier fin. Ce nid présente un gracieux tableau, quand, semblable à un hamac, il subit les ondulations du vent, pendant que la femelle couve ses œufs et que le mâle, dont la couleur jaune contraste avec la verdure du feuillage, se tient perché sur une branche voisine et varie de la manière la plus douce possible son chant sifflé. Les œufs, au nombre de quatre à six, sont d'un blanc brillant, parsemé de taches noires et d'un brun rougeâtre. Lorsqu'ils sont nouvellement pondus, la coquille paraît transparente et d'une belle couleur rose. Leur grand diamètre varie de 0^m 027 à 0^m 03 et le petit de 0^m 018 à 0^m 022.

Le loriot arrive très tard en Anjou, vers le mois d'avril, et repart dans les derniers jours d'août.

CINQUIÈME GENRE. — LES TRAQUETS.

LE TRAQUET MOTTEUX. — *Saxicola œnanthe*.

Le genre *traquet* comprend des oiseaux brillants de couleurs et remarquables par la grâce et la rapidité de leurs mouvements. Quatre espèces visitent l'Anjou et trois s'y reproduisent. Ces oiseaux doivent leur nom français au mouvement continuel de leurs ailes et de leur queue, qui les a fait comparer au *traquet* des moulins que le vent, la vapeur ou l'eau agite d'une manière incessante.

L'épithète *motteux* retrace l'histoire entière du *traquet* désigné par ce nom. Il se tient en effet dans les terrains dont les sillons n'ont pas encore reçu la dernière *façon*, cherche les petits insectes qui s'y réfugient, voltige de motte en motte, et tour à tour paraît sur leur point culminant ou se dérobe à la vue du chasseur en se cachant derrière leur épaisseur. C'est encore sous les mottes qu'il niche et élève ses petits. Le mot *saxicola* fait connaître les lieux que les *traquets* fréquentent ; il dérive de *saxum*, rocher et *colo*, habiter et signifie dès-lors oiseau qui aime, recherche et habite les rochers.

L'adjectif *œnanthe* vient compléter encore ces renseignements précis et y ajouter un caractère nouveau, οινος, *vigne* et ανθος, *ornement*. Les *traquets*, par leurs mouvements gracieux et rapides, par la beauté de leur plumage, embellissent et vivifient les vignobles dont la culture et l'aspect sont ordinairement plus sombres et moins animés que ceux des terres ensemencées.

Le *traquet motteux* se pratique un trou sous les mottes ou les pierres ; là, il réunit des débris de paille, de mousse, de crin, y mêle quelques plumes et pond quatre ou cinq œufs un peu obtus, d'un bleu pâle et régulièrement sans aucune tache. Grand diamètre de 0ᵐ 018 à 0ᵐ 022, petit de 0ᵐ 012 à 0ᵐ 015.

TRAQUET TARIER. — *Saxicola rubetra.*

Ce *traquet* se montre dans toutes les contrées tempérées de l'Europe ; il aime les prairies, les bords des cours d'eau, des marais, recherche aussi les terrains incultes, les landes, etc. ; on le voit à chaque instant à l'extrémité des bruyères ou des herbes les plus élevées, toujours en mouvement, agitant les ailes et la queue comme s'il devait reprendre immédiatement son vol. Ce balancement me semble cependant plutôt être commandé par la nécessité et fournir au *tarier* un moyen de se maintenir en équilibre dans une position très difficile.

Ce charmant petit oiseau doit probablement son nom de *tarier* à son habitude de nicher à terre, habitude qui l'a fait surnommer *terrasson*. Peut-être pourrait-on, en admettant le mot dans toute son acception, en fonder l'explication sur l'extrème facilité de cet oiseau à pénétrer dans les herbes touffues, pour s'y soustraire aux regards de ses ennemis et y trouver sa nourriture, avec la même promptitude que la tarière pénètre partout.

Le nom scientifique *rubetra* signifie, d'après quelques naturalistes, *oiseau rougeâtre* et s'expliquerait par le rouge bai de la poitrine du *tarier*. Mais je pense que la racine véritable pourrait bien être *rubum*, ronce, mûre, et que dès lors ce nom indiquerait que le *tarier* se plaît dans les ronces et qu'il aime les mûres. Cette étymologie se trouve fortifiée par le nom grec βατις appliqué au *tarier* et qui dérive lui-même de βατος signifiant *ronce, mûre*. Enfin *rubetra* pourrait dériver de *rubus*, buisson, ronces, mûres et de *tero*, piller, broyer, se frayer un passage et dès-lors cet adjectif pourrait se traduire ainsi : oiseau qui pille, qui mange les mûres, ou qui comme une tarière se fait un passage au milieu des ronces. Virgile a dit : *Terere iter*, se frayer un chemin. Cette dernière explication viendrait fortifier celle que j'avais précédemment énoncée.

Le *tarier* fait le plus souvent son nid dans les prairies. Il le construit très simplement au pied d'une touffe épaisse d'herbe ; l'extérieur est composé de quelques brins de foin desséchés ; l'intérieur est garni de laine, d'aigrettes de chardon et de duvet des plantes. La femelle y dépose quatre ou cinq œufs d'un bleu-vert très prononcé, parsemé de points d'un brun roux plus ou moins foncé et répandus surtout vers le gros bout ; quelques-uns de ces œufs ne portent aucune tache ; les uns sont entièrement ronds, les autres oblongs. Leur grand diamètre est de 0ᵐ 016 à 0ᵐ 018 et le petit de 0ᵐ 012 à 0ᵐ 014.

TRAQUET PÂTRE. — *Saxicola rubicola.*

Le *traquet pâtre* est le véritable ornement des pays qu'il habite ; il y répand la vie par ses courses incessantes et la grâce de ses mouvements. Toujours agité, il s'élève par petites secousses et retombe en tournant sur lui-même, justifiant ainsi à chaque instant son nom de *traquet*. Ce saxicole aime les terrains arides, les landes, les bruyères, les contrées solitaires et sauvages ; là il devient le compagnon assidu du berger. Il égaie le jeune pâtre dans ses longues heures de solitude et d'ennui, par son cri et par la légèreté avec laquelle il aime à se reposer et à se balancer sur les tiges les plus élevées, les plus isolées et les plus flexibles des buissons ou des herbes. Par une heureuse pensée, pour l'identifier davantage encore au jeune pâtre dont il est le compagnon et l'ami assidu, on les a désignés tous les deux par le même nom.

L'épithète *rubicola* me semble dériver de *rubum* mûre et *colo*, habiter, et indique que le *traquet pâtre* recherche les ronces et les buissons.

Peut-être l'étymologie la plus vraie serait-elle *rubum*, *rubi* et *color*, oiseau couleur de mûre, de couleur noire ; elle serait alors fondée sur les nuances du plumage de ce *traquet*, qui le font désigner partout sous le nom de *petit charbonnier*.

Le *pâtre* chasse les mouches et les insectes au vol ; à terre, il poursuit les sauterelles avec une grande agilité.

Le nid du *rubicole*, placé à terre, dans les champs en friche ou au pied d'un buisson, est composé en dehors de foin, de filaments d'herbes sèches et garni en dedans de crin , de laine , de plumes. Il contient quatre ou cinq œufs d'un vert très pâle et un peu gris, parsemé de petits points roussâtres formant assez souvent une couronne vers le gros bout. Le coucou y dépose fréquemment un œuf.

Le grand diamètre varie de 0^m 014 à 0^m 016, et le petit de 0^m 012 à 0^m 014.

Traquet oreillard. — *Saxicola aurita.*

Chaque année ce *traquet* passe en Anjou pour se rendre dans les contrées où il doit se reproduire. Ce saxicole offre deux races très distinctes dont l'une est beaucoup plus grosse que l'autre. Il doit son nom d'*oreillard* (auritus) à la bande noire qui de chaque côté du bec s'étend derrière les oreilles en passant sous les yeux. Il aime les contrées chaudes et recherche de préférence à tous les autres lieux , les collines, les montagnes les plus élevées et les terrains arides.

L'*oreillard* niche à terre sous des mottes , des pierres ou dans les trous des vieux murs situés près de terre. Son nid , façonné sans beaucoup de soin, est composé à l'extérieur de foin, d'herbe fine, et à l'intérieur de laine, de mousse et de plumes. Les œufs dont le nombre varie de quatre à cinq, sont d'un bleu verdâtre pointillé surtout vers le gros bout de petites taches d'un noir rougeâtre formant une couronne. Leur grand diamètre est de 0^m 018 à 0^{m}02 et le petit de 0^m 014 à 0^m 016.

SIXIÈME GENRE.

LES FAUVETTES.

Les *Fauvettes* forment un genre très nombreux. Dix-neuf espèces habitent ou visitent chaque année notre département. Vives, agiles, gracieuses, elles embellissent de leur présence et charment par leur chant les taillis, les buissons, les vergers, les bords des rivières et les roseaux des marais. Aucun site ne leur est étranger, aucune localité n'est privée du plaisir de les voir et de les entendre. Les unes semblent avoir pour tâche de distraire dans leurs travaux les bergers et les moissonneurs; d'autres, de charmer les pêcheurs et d'animer par leur chant et la rapidité de leurs mouvements les bords isolés et solitaires des rivières. Quelques-unes s'associent aux travaux des bûcherons, et ne les abandonnent pas même pendant les journées sombres et froides de l'hiver. Quand toute la nature semble morte ou endormie, les fauvettes viennent apporter à ces travailleurs l'image du mouvement, de l'espérance et de la vie. Dieu, qui a été si généreux dans les avantages variés qu'il a prodigués à ces chantres de nos bois et de nos campagnes, paraît avoir oublié de parer leur plumage. Il est obscur et terne, et je pense que c'est à cette couleur sombre qu'ils doivent le nom de *fauvettes*. Belon le fait dériver de *foveis*, parce qu'il prétend que cette dénomination vient de leur habitude d'entrer dans les *fossettes* et les murailles. Cette étymologie, qui me paraît fausse, n'a pas même l'avantage de s'appuyer sur les mœurs des fauvettes. A l'exception d'une ou deux espèces, toutes les autres nichent à ciel ouvert, et aucune ne passe sa vie dans les trous des murailles, pas même pour y chercher sa nourriture ou son repos.

Fauvette rousserole. — *Sylvia turdoïdes.*

Cette fauvette, la plus grande de toutes celles connues en Europe, doit son nom au brun roux et uniforme qui couvre sa queue et toutes les parties supérieures du corps. Les deux épithètes latine et française, *turdoïdes* et *turdoïde*, indiquent que la rousserole ressemble à la grive (*turdus*, grive, et ωδίς, ressemblance). Cette expression est peut-être simplement un diminutif de *turdus*, et signifierait alors *petite grive*. Ce qui fortifierait cette dernière opinion, c'est que la rousserolle a été classée pendant très longtemps parmi les *grives*.

Le nom générique *sylvia*, donné à toutes les fauvettes, dérive de ὕλη, bois, broussailles, taillis, et indique une partie des lieux que ces passereaux habitent.

La *rousserole*, appelée *moineau des marais,* vient chaque année, en très grand nombre, animer les bords des rivières ou des marais plantés de roseaux. Elle grimpe avec rapidité et avec grâce le long des tiges des joncs, pour y saisir les insectes. Elle poursuit aussi au vol les libellules qu'elle aperçoit. Son cri saccadé, *cara, cra, cara,* auquel elle doit son nom vulgaire, trahit souvent sa présence. Cependant, malgré cette indication précise, la *rousserole* est difficile à découvrir à cause de son habileté à se cacher et à se glisser derrière les roseaux et les herbes épaisses auxquelles elle reste suspendue très facilement. Pour composer son nid, elle choisit quatre ou cinq roseaux assez rapprochés, les unit par des filaments des plantes aquatiques, qu'elle enroule bien des fois autour des joncs pour former une espèce de bourse grossière. Ce nid a quelquefois une hauteur de près de deux décimètres, et semble avoir été ainsi fabriqué pour arracher aux dangers de l'inondation les œufs ou les petits de la fauvette. Il ressemble alors à plusieurs nids superposés. L'intérieur est garni de débris fins et déliés de feuilles de roseaux ; il contient ordinairement quatre ou cinq œufs dont le fond blanc verdâtre ou bleuâtre est parsemé de points ou de taches noires ou brunes qui forment quelquefois une couronne vers le gros bout. Ces œufs sont peu piriformes et le plus grand nombre sont oblongs ; plusieurs seraient confondus facilement avec des œufs de moineau, dont ils ne diffèrent souvent que par leurs taches plus larges et une couleur plus foncée et plus bleuâtre. Leur grand diamètre varie de 0^m 020 à 0^m 023, et le petit de 0^m 017 à 0^m 019.

Fauvette effarvate. — Sylvia arundinacea.

Cette fauvette, une des plus babillardes et des plus agiles de l'Europe, a un caractère peu sociable. Elle éloigne du lieu qu'elle a choisi pour nicher non-seulement les oiseaux étrangers à son espèce, mais encore ses congénères. Elle semble avoir recours à un bruit assourdissant pour arriver à ses fins. L'*effarvate* grimpe sans cesse avec une grande agilité le long des roseaux pour y saisir les insectes qui y adhèrent ; elle redescend, remonte avec une grâce et une rapidité remarquables, s'arrête à l'extrémité des tiges, y reste un instant en observation, puis s'élance avec la vitesse de l'éclair pour saisir au vol un insecte ou une libellule, et continuer ensuite le même exercice. Tous ses mouvements ont dans leur rapidité une apparence d'irritation et de colère. Dès-lors, son nom *effarvate* ou *effervete* pourrait dériver de *efferveo*, signifiant s'échauffer, s'animer. Quant à l'épithète *arundinacea, de roseaux,* elle indique les lieux dans lesquels cette fauvette vit et se reproduit.

L'*effarvate*, comme la *rousserole*, établit son nid dans les roseaux qu'elle réunit au moyen de filaments de plantes aquatiques. Ce nid est construit avec plus de soin que celui de sa congénère ; l'extérieur est composé d'herbes et de feuilles entrelacées, et l'intérieur est garni de plusieurs couches de pelures sèches de roseaux très fines, très déliées et très molles. Il ressemble exactement, pour la forme, à ces petits paniers d'osier qui servent, en Anjou, à faire les *crémets.*

Les œufs, au nombre de quatre ou cinq, varient beaucoup dans leur couleur. Les uns sont d'un vert brun uniforme ou parsemés de taches d'une nuance plus foncée qui s'harmonisent avec la première teinte. Le plus souvent le fond de la coquille est d'un blanc sale ou verdâtre sur lequel se trouvent des taches brunes plus ou moins nombreuses et parsemées irrégulièrement. Les œufs se rapprochent, par leur couleur, de quelques-uns de ceux de la *rousserole*, dont l'*effarvate* n'est en quelque sorte qu'une variété plus petite.

Quand les eaux s'élèvent à une certaine hauteur, et que l'*effarvate* craint de voir sa jeune famille submergée, elle abandonne les roseaux et établit son nid dans les baies voisines des rivières ou des marais, et le pose à la bifurcation de plusieurs petites branches qu'elle unit de la même manière que les roseaux. J'ai trouvé de jolis nids d'*effarvate* non loin de l'étang Saint-Nicolas ; ils étaient fixés à des petites branches d'aubépine.

Le grand diamètre des œufs est de 0ᵐ 016 à 0ᵐ 018, et le petit de 0ᵐ 014 à 0ᵐ 017.

Fauvette verderolle. — *Sylvia palustris.*

La *verderolle* se rapproche beaucoup de l'*effarvate*, mais elle s'en éloigne cependant par ses pieds verdâtres et par les parties supérieures de son plumage légèrement nuancées de la même couleur. Celle-ci la fait distinguer des autres fauvettes et lui a fait donner le nom qu'elle porte.

Le véritable chant de la *verderolle* est aussi très différent de celui de l'*effarvate*. Cependant, elle contrefait assez souvent la voix de sa congénère ainsi que celle du *traquet motteux* et des autres oiseaux près desquels elle séjourne.

Son épithète *palustris* indique que ce passereau aime et habite les marais. Cette fauvette niche, ainsi que les précédentes, dans notre département, mais en plus petit nombre. Son nid sphérique est placé près de terre, dans les herbes élevées et les lieux humides. Formé à l'extérieur de tiges d'herbes fines et desséchées, il est garni en dedans de crin, de filaments très déliés et de duvet de plantes. Il contient de quatre à six œufs d'un gris cendré, parsemé de taches brunes un peu verdâtres, avec d'autres qui ne diffèrent de la couleur de la coquille que par une nuance plus foncée.

Leur longueur est de 0ᵐ 018 à 0ᵐ 020, et leur diamètre de 0ᵐ 012 à 0ᵐ 014.

Fauvette phragmite. — *Sylvia phragmitis.*

Cette fauvette ressemble à l'*aquatique* par sa taille, ses habitudes et même son plumage. Elle en diffère par sa gorge, qui est presque blanche, et par ses flancs qui ne portent aucune tache. On la distingue assez facilement de sa congénère par les nuances de l'ensemble de son plumage qui est plus sombre et beaucoup moins jaune.

Les deux noms de cet oiseau ont la même signification et viennent de φραγμιτης, signifiant oiseau qui vit dans les baies, les roseaux, etc. dénomination qui n'ajoute rien de spécial au nom de cette fauvette et qui pourrait convenir à beaucoup d'autres.

La *phragmite* se reproduit en Anjou. Son nid a la forme d'un petit panier; il est souvent fixé à quelques roseaux et le plus souvent à des tiges d'herbe ou même de blé, surtout quand l'inondation éloigne cette fauvette des bords des rivières. Ce nid est composé de brins d'herbes souples et déliés entrelacés avec art; l'intérieur est matelassé avec les mêmes éléments, mais plus fins et plus mous. La femelle y pond quatre ou cinq œufs d'un jaune pâle et uniforme. Quelques-uns cependant sont d'un jaune verdâtre et revêtus d'une seconde couche non régulière et plus nuancée que la première qu'elle laisse entrevoir. Quelquefois aussi on remarque vers le gros bout un ou deux filets noirs très déliés et serpentant en zig-zag.

Le grand diamètre est de 0^m 016 à 0^m 018, et le petit de 0^m 012 à 0^m 014.

Fauvette aquatique. — *Sylvia aquatica.*

L'*aquatique* aime les lieux marécageux et humides; elle vit sur les bords des eaux auxquelles elle doit son nom. Sa nourriture consiste en vers, en petits limaçons, en insectes qu'elle saisit à terre ou en grimpant en travers, le long des osiers et des tiges d'herbe qu'elle fouille en tous sens. Elle redescend la tête en bas et remonte aussitôt pour redescendre encore, rappelant par ses habitudes et par la rapidité de ses mouvements sur les bords des rivières, la vie active des mésanges dans les vergers. L'*aquatique* se distingue de la *phragmite* spécialement par la bande d'un blanc roux qui sillonne sa tête et par les taches de même couleur répandues au centre des plumes des flancs et de la poitrine.

L'*aquatique* fait un nid semblable à celui de la *phragmite*. L'intérieur est peut-être composé de matières plus molles et plus délicates. Il renferme quatre ou cinq œufs d'un gris verdâtre avec de très petits points olivâtres; ils ressemblent à quelques variétés de la *fauvette grisette*, mais ils sont beaucoup plus petits; quelques-uns se rapprochent aussi, pour la couleur et les taches, de certains œufs de la *bergeronnette printannière*. Les marchands ont abusé de ces ressemblances, et le plus grand nombre des œufs vendus par eux sous le nom de la *fauvette aquatique*, n'appartiennent pas à cette espèce.

Le grand diamètre est de 0^m 016 à 0^m 017, et le petit de 0^m 011 à 0^m 013.

FAUVETTE LOCUSTELLE. — *Sylvia locustella.*

La *locustelle* est beaucoup plus commune en Anjou et dans les autres départements qu'on ne le pense ordinairement. Les habitudes de cette *fauvette* servent à la dérober aux recherches des chasseurs et de ses ennemis. Elle se tient ordinairement cachée à terre la plus grande partie de la journée, dans les herbes et les endroits humides. Elle ne s'envole pas quand on approche, mais elle court avec rapidité comme le *râle de genêt,* et déconcerte ainsi ceux qui la poursuivent. De toutes les *fauvettes,* la *locustelle* est la seule qui puisse *marcher,* privilége dont elle se sert avec avantage. La particularité qui lui a mérité son nom sert encore à la cacher. Cette fauvette fait entendre un cri semblable à celui des cigales ou des sauterelles (*locusta*), et, comme cette dernière, elle continue ce bruit pendant très longtemps. Les habitants des campagnes la désignent sous le nom de *longue haleine,* à cause de ce chant prolongé qui contribue à tromper le chasseur en lui faisant confondre la *locustelle* avec les cigales. Enfin, elle niche plus tard que les autres *fauvettes,* et le plus souvent dans les plantes fourragères ou dans les champs de haricots, et échappe encore ainsi aux recherches des dénicheurs, car quand le moment de pénétrer dans ces cultures est arrivé, les petits sont envolés. Son nid repose assez souvent à terre ; il est formé d'herbes entrelacées et garni intérieurement du duvet des plantes ou de paille très fine et bien souple Les œufs, au nombre de quatre à cinq, sont d'un gris rose quelquefois uniforme, mais le plus souvent émaillé de petits points de même nuance mais plus foncés ; quelquefois ces points varient du jaunâtre au rougeâtre.

Le grand diamètre est de 0^m 016 à 0^m 018, et le petit de 0^m 012 à 0^m 013.

Ici se termine la première subdivision des *fauvettes,* admise par un certain nombre de naturalistes et désignée sous le nom commun de *calamoherpes,* peignant très bien les habitudes générales de ces *fauvettes.* Cette dénomination dérive de καλαμος, roseau, herbe, et ερπω, ramper, glisser, grimper, et signifie alors oiseaux qui se *glissent entre les roseaux,* qui *grimpent le long des tiges.* Cette dernière habitude est tout à fait caractérisque, car les *calamoherpes* non-seulement parcourent les roseaux dans tous les sens avec une grande agilité, mais ils effectuent ces évolutions en s'élevant de côté. Leur corps forme avec les roseaux un angle qui varie de l'aigu au droit, selon que l'oiseau a besoin de modifier l'inclinaison pour capturer sa proie ou se dérober à ses ennemis.

Les fauvettes comprises dans la deuxième subdivision portent le nom de *rubiettes,* parce que toutes les espèces groupées sous cette désignation ont quelque partie de leur plumage de couleur rougeâtre.

Fauvette pit-chou. — *Sylvia provincialis.*

Le *pit-chou* doit, selon quelques auteurs, son nom aux petites dimensions de sa taille. D'après Buffon et plusieurs naturalistes, cette dénomination signifierait, en provençal, *petit, menu.* Elle serait alors très bien attribuée à un oiseau qui est l'un des plus petits de l'Europe. Des ornithologistes avaient pensé au contraire faire dériver ce nom d'une habitude de cette fauvette, habitude qui convient à beaucoup d'autres oiseaux. Le *pit-chou* se plaît à parcourir les terrains plantés de choux, visite les feuilles dans tous les sens pour y saisir les insectes qui s'y trouvent attachés. Dès-lors il *picote*, non les choux, mais la proie qu'il poursuit. Cette explication me paraît être la seule fondée. Dans la langue provençale, le verbe *pita* veut dire ramasser avec le bec sa nourriture grain à grain. On dit d'un avare c'est un *pite dardennes. Dardenne* est l'ancienne pièce de deux liards. L'avare est donc un homme qui ramasse une à une les pièces de deux liards comme un oiseau recueille son grain. *Pit-chou* signifierait donc un passereau qui récolte sa nourriture *grain* à *grain, petit* à *petit,* sur les choux.

Quelques écrivains avaient même soutenu que cette fauvette se cachait sous les feuilles de choux, pendant la nuit, afin d'éviter les attaques des chauves-souris très friandes de sa chair. Cette hypothèse ne peut être admise par la raison que la chauve-souris, du moins celle de notre pays, ne vit pas d'oiseaux, mais d'insectes.

L'épithète *provincialis* indique que le *pit-chou* est très multiplié dans la Provence qui paraît être sa patrie. Cette fauvette se montre en Anjou, mais en petit nombre, quelques couples y sont même sédentaires et s'y reproduisent.

J'ai rencontré le *pit-chou* dans les taillis formés de *brosses* (chêne tauzin, — *quercus toza*) plantés sur les bords de l'étang Saint-Nicolas. Le nid placé dans les buissons à peu d'élévation de terre est composé à l'extérieur de *gramen* et garni à l'intérieur de crin ou de matière cotonneuse. Il renferme quatre ou cinq œufs dont le fond de la coquille est d'un brun grisâtre parsemé de points bruns ou d'un jaune sale et pâle avec des taches effacées rougeâtres, brunes ou rousses, formant quelquefois par leur rapprochement une espèce de calotte. Ces œufs peuvent facilement être confondus avec les petites variétés de la *passerinette* ou même de la *grisette*. Leur grand diamètre est de 0^m016 à 0^m018 et leur petit de 0^m012 à 0^m014.

FAUVETTE ROUGE-GORGE. — *Sylvia rubecula.*

Cette fauvette, la plus répandue de toutes et la seule qui soit sédentaire en Anjou, est presque méprisée dans toutes les contrées qu'elle habite. Le nom populaire qui lui est donné dans plusieurs campagnes vient ajouter encore au ridicule attaché à sa triste existence. On l'appelle la *gadille*. Cette dénomination cependant comme le nom commun et le nom scientifique du *rouge-gorge*, est fondée sur le plastron rouge qui couvre sa poitrine en remontant jusqu'à la gorge. En effet d'après Ménage, *gadille* dérive de *rubiadilla, rubjadilla, jadilla, gadilla,* dès lors la racine serait *rubia*, rouge. Ce qui expliquerait pourquoi *gadille* est synonyme de *roupie*. Belon dit qu'on appelle le *rouge-gorge*, la *roupie* ou la *gadille* parce qu'on voit cet oiseau venir aux villes et aux villages lorsque les *roupies* pendent au nez des personnes. Ce qui signifierait que ces oiseaux voltigent même pendant les plus grands froids qui font *rougir* le nez des villageois. Cet oiseau vit de petits insectes et de vermisseaux qu'il cherche dans les buissons. Peu défiant, il se laisse facilement approcher. Dans les pipées il est ordinairement une des premières victimes qui viennent se prendre aux gluaux. Sa pose, ses manières tout en lui semble dire à l'homme qu'il réclame une indulgence, hélas! trop souvent refusée. Malgré l'ingratitude qui le poursuit sans cesse, le *rouge-gorge* reste ami de l'homme et s'attache aux pas du bûcheron, dans les forêts solitaires. Par un chant plaintif, il paraît s'associer à ses labeurs et quand tout est mort autour de lui, cet oiseau est encore pour le bûcheron une image de la vie. Il vient becqueter le pain du travailleur, se poser sur l'instrument de ses fatigues et semble demander à faire partie de la famille. Souvent aussi le villageois voit le *rouge-gorge* se percher sur l'arbre voisin de la chaumière et égayer par son petit chant le repas du soir composé d'un pain trempé de sueurs. Il s'arrête longtemps sur le toit rustique et continue son ramage jusqu'à ce que l'heure du repos ait sonné pour la famille fatiguée. Et pour s'identifier davantage encore à la vie du labeur des gens de la campagne, il est de tous les oiseaux celui qui se réveille et chante le plus tôt, qui s'endort et chante le plus tard. C'est à lui et non au moineau que doivent se rapporter ces paroles : *Sicut passer solitarius in tecto.* Dans la saison des frimas, le *rouge-*

gorge se pose sur les maisons, sur les croisées et réclame l'hospitalité au foyer domestique. Si l'accueil fait à sa demande lui paraît favorable, ce passereau s'enhardit, s'arrête quelques instants sur la porte entre-ouverte et pénètre à l'intérieur de la maison pour recueillir quelques miettes de pain ; c'est un indigent qui a confiance dans la générosité de l'homme et dont l'espérance ne devrait pas être trompée. Ce qu'il demande est si peu de chose, son cri est si plaintif, sa confiance si naïve! Puis lui-même est souvent si généreux, si hospitalier! Que de fois il couve l'œuf que le coucou a déposé dans son nid et entoure de soin celui qui doit le payer d'ingratitude ! Le nid du *rouge-gorge* est le plus souvent posé à terre dans les trous des vieux murs. Il est composé presque toujours d'un lit de feuilles desséchées sur lequel repose une espèce de coupe applatie formée de mousse , de bourre et de crins entrelacés. Il contient de cinq à six œufs dont la grosseur , la forme et les couleurs varient beaucoup. Souvent ils sont d'un roux uniforme parsemé de points imperceptibles et de couleur de brique. Quelques uns portent sur un fond d'un blanc sale de larges taches rougeâtres réunies en plus grand nombre vers le gros bout. D'autres sont d'un blanc mat strié de points noirâtres formant une couronne et ressemblent à de petits œufs de la pie-grièche écorcheur.

Le *rouge-gorge* élève ses petits avec une tendresse remarquable ; le mâle partage avec la femelle le soin de l'incubation. Les membres d'une famille malheureuse ne doivent-ils pas s'entr'aider !

Le grand diamètre des œufs est de 0ᵐ017 à 0ᵐ02 et le petit de 0ᵐ014 à 0ᵐ016.

Fauvette gorge-bleue. — *Sylvia suecica.*

La fauvette *gorge-bleue* se reproduit chaque année en Anjou. On la trouve principalement au dessus et au dessous des Ponts-de-Cé, dans les osiers qui bordent les îles de la Loire et dans les marais de la Baumette. Cet oiseau, l'un des plus brillants de l'Europe, rappelle par ses couleurs vives et nuancées ceux des tropiques. Il doit son nom au magnifique bleu azuré qui couvre sa poitrine et sa gorge. Ce plastron se développe avec l'âge de l'oiseau et encadre une tache d'un blanc pur et éclatant. Une bande d'un noir mat règne au dessous du bleu et fait encore ressortir d'une manière plus sensible les autres couleurs.

L'épithète *suecica* , *suédoise* , indique que cette fauvette est très commune en Suède. Quelques naturalistes ont distingué deux espèces de *gorge-bleue*, l'une nommée *suecica* et l'autre *cyanecula* (de *cyaneus*, bleu céleste). Selon l'opinion la plus probable, ce sont deux variétés de la même espèce et dont les légères différences peuvent dépendre du climat des pays habités par cette fauvette.

La *gorge-bleue* se tient en Anjou dans les osiers et les arbustes plantés sur les bords des rivières. Elle est difficile à trouver parce que se taisant la plus grande partie de la journée, elle se trahit dès-lors très rarement par son chant. Puis elle reste à terre dans les grandes herbes ou dans les fourrés. Le nid composé en dehors d'herbes sèches, de mousse et de racines déliées, est revêtu en dedans d'une couche de foin, de crin et de plumes. Ordinairement il est placé à terre, caché sous des racines, des branches d'osier ou des touffes d'herbe. Quelquefois comme celui du *rouge-gorge* il est confié à des excavations pratiquées dans la terre ou dans les fentes des troncs des vieux arbres. Les œufs, au nombre de quatre à six, sont d'un bleu verdâtre, reflétant quelquefois plusieurs nuances. Ils ressemblent assez à ceux du *rossignol*, mais ils sont plus petits et presque toujours pointus des deux bouts. Leur longueur varie de 0^{m}016 à 0^{m}018 et leur diamètre de 0^{m}013 à 0^{m}017.

Fauvette rouge-queue. — *Sylvia tithys*.

Cette fauvette ne fait qu'apparaître dans notre département. Elle y séjourne seulement quelques jours à l'époque de ses migrations, et encore ce passage n'a lieu que d'une manière irrégulière. Elle doit son nom vulgaire à la couleur des plumes de sa queue.

Quant à celui de *tithys*, il me semble formé du mot τιτις qui servait à désigner le même oiseau chez les Grecs et dérivé lui-même de τιτιζω, *pépier, piailler*. Cette dénomination convient bien à cette fauvette et la distingue naturellement de ses congénères, puisqu'elle n'a ni chant, ni ramage proprement dit, mais seulement un petit son flûté, composé de notes aiguës et empreintes d'un sentiment de tristesse, en rapport avec les lieux solitaires qu'elle habite.

Le *rouge-queue* se plaît dans les terrains rocailleux dont il visite toutes les sinuosités pour y saisir les insectes; il parcourt aussi les bords des torrents et les terres nouvellement labourées et s'y nourrit de vermisseaux.

Cette fauvette fait son nid dans les fentes des rochers, entre les pierres tombées des montagnes et assez souvent sous les hangards isolés des habitations. Composé extérieurement de feuilles desséchées, de mousse, il est revêtu à l'intérieur de plumes, de crin ou d'autres matières molles et flexibles. Il contient de quatre à six œufs d'un blanc pur et lustré ; ils se rapprochent des œufs du *torcol*, mais on les distingue assez facilement de ces derniers parce que ceux de la *sylvia tithys* sont légèrement piriformes, tandis que ceux du *torcol* sont presque toujours oblongs.

M. l'abbé Caire, ornithologiste éclairé et persévérant, a découvert une nouvelle espèce de fauvette *tithys*. La femelle ressemble à celle dont je viens de parler, mais le mâle adulte est très différent de celui qui se montre en Anjou. Cette fauvette porte le nom de son observateur, et est connue sous le nom de *sylvia* ou *ruticilla Caïrii*. Les œufs de cette seconde espèce sont également d'un blanc pur, mais un peu moins gros et plus ronds que ceux de la *sylvia tithys*. Quelques-uns sont pointillés de taches d'un brun roux.

Le grand diamètre des œufs de la première espèce varie de 0^m 017 à 0^m 019 et le petit de 0^m 012 à 0^m 014.

Fauvette de murailles. — *Sylvia phœnicurus*.

Ce passereau, très commun en Anjou, est désigné sous plusieurs noms, selon les habitudes que l'on considère en lui. On le nomme *rossignol de murailles* parce qu'il se plaît à se percher sur les ruines ou sur les toits, à y faire entendre son chant très accentué, agréable mais mélancolique. Puis il se rapproche du *rossignol* en ce que comme lui il ne chante que le soir et le matin. Mais il s'en éloigne en ce qu'il se place dans des lieux élevés pour redire ses accents, tandis que son congénère se dérobe le plus possible aux regards en cherchant les endroits bas et fourrés. La *fauvette de murailles* est encore appelée *hoche-queue* à cause du mouvement qu'elle imprime aux pennes de sa queue de droite à gauche. Quant à sa dénomination la plus ordinaire, elle lui a été donnée parce que cet oiseau aime à établir son nid dans les trous et les crevasses des vieux murs; enfin son nom de *cul-rouge* est fondé sur les nuances de sa queue et l'épithète *phœnicurus* retrace la même idée, puisqu'elle vient de φοινικουρος dont les racines sont φοινιξ, rouge et ουρα, queue.

Cette fauvette, remarquable par la vivacité de ses mouvements incessants, est très répandue dans notre département et dans toute l'Europe. Elle fait son nid dans les trous des murailles et des arbres fruitiers. Il prend dès-lors toutes les formes de l'endroit auquel il est confié et devient tour à tour oblong, carré, triangulaire, petit ou grand, selon les dimensions des excavations qui le contiennent. Quelques-uns ont des proportions très considérables; ils sont composés de mousse, de plumes et de crin. Peu de nids offrent aux petits une couche plus molle et plus chaude. La ponte varie de quatre à six œufs d'un bleu brillant et d'un diamètre moins considérable ordinairement que celui des œufs de l'*accenteur mouchet* avec lesquels ils pourraient être confondus assez facilement ; cependant ces derniers sont moins allongés que ceux de la *fauvette de murailles* et d'une couleur plus terne.

Le grand diamètre est de 0ᵐ 017 à 0ᵐ 02 et le petit de 0ᵐ 012 à 0ᵐ 014.

Fauvette Rossignol. — *Sylvia luscinia.*

Le *rossignol* est de tous les oiseaux connus celui dont le chant est le plus varié , le plus harmonieux et le plus étendu. A lui seul il réunit toutes les ressources et toutes les beautés de la voix des autres oiseaux chanteurs. Son nom français *rossignol* a été formé par corruption du latin *lusciniana* , mot qui dérive de *luscinus* , employé par Plaute pour désigner cette fauvette. *Luscinius* ou *luscinia* est formé de *lux, lucis,* jour ou de *lucus , luci,* bois et de *canere, cecini,* chanter et signifie alors : oiseau qui chante au point du jour ou dans les bois ; *qui canit sub lucem* ou *in lucis.* Le rossignol paraît en effet se complaire dans son chant et fuir tout ce qui pourrait s'opposer à son éclat. C'est pour cela qu'il ne se fait entendre que le matin et le soir lorsque tout se tait autour de lui et qu'il peut régner en maître absolu. Il aime aussi à chanter dans les bois les plus sombres et les plus solitaires , évitant tout ce qui pourrait le distraire , tout bruit qui enlèverait à sa voix quelque chose de son incomparable beauté. Cependant dès que les petits du rossignol sont élevés , son chant si simple, si harmonieux, si étendu et si souvent admiré, est remplacé par un son rauque assez semblable au croassement du crapaud.

Cet oiseau vient chaque année se reproduire en Anjou. Il établit son nid à terre ou près de terre, dans les fourrés et les taillis les plus épais , au milieu des haies touffues , sur la pente des fossés ombragés. Ce nid, régulièrement composé de feuilles desséchées, est assez profond et pénètre en terre dans un petit creux de quelques centimètres , préparé par le *rossignol* pour donner plus de solidité à son travail. L'intérieur est garni de feuilles plus délicates que celles de l'enveloppe, de petites racines et de crin. Les œufs au nombre de quatre à cinq sont d'un brun uniforme avec quelques reflets verdâtres ou d'un brun olivâtre. La femelle seule est chargée des soins de l'incubation, et malgré la sollicitude qu'elle manifeste pour cette opération, elle abandonne son nid dès que le coucou y a déposé un œuf.

Le grand diamètre est de 0ᵐ 018 à 0ᵐ 02, et le petit de 0ᵐ 013 à 0ᵐ 015.

Fauvette Philomèle. — *Sylvia Philomela.*

La fauvette *Philomèle* se rapproche beaucoup du *rossignol*, ses habitudes sont les mêmes, elle en diffère cependant par la nuance plus foncée de son plumage et sa taille plus forte. En liberté on la reconnaît facilement à sa voix plus vibrante encore que celle de sa congénère et surtout à ses roulades beaucoup plus prolongées.

Son nom de *Philomèle* (φίλος, ami et μέλος, chant) rappelle l'histoire de la fille de Pandion, roi d'Athènes. Cette malheureuse princesse ayant subi d'indignes traitements de la part de son beau-frère Térée, chercha à s'en venger. Ne pouvant dévoiler de vive voix ses infortunes, puisqu'on lui avait coupé la langue, elle retraça au fond de sa prison, sur une toile, tout ce qu'elle avait souffert. Cette toile fut envoyée à sa sœur Progné, qui, à la tête d'une troupe de bacchantes, délivra Philomèle. Par un mouvement de délire incompréhensible, Progné immole son propre fils, et dans un grand festin, elle en sert les membres à son époux ; à la fin du repas, la mère coupable jette sur la table la tête du jeune Itys, et lorsque son mari se précipite sur elle pour assouvir sa fureur, il se trouve changé en *épervier,* Progné en *hirondelle,* Itys en *faisan* et Philomèle en la *fauvette* qui porte son nom. Les habitudes de ce passereau, son éloignement pour la société des autres oiseaux et surtout pour celle de l'homme, la mélancolie de son chant semblaient chez les payens favoriser la fable de la Mythologie. Depuis cette métamorphose, l'*épervier* poursuit inutilement l'*hirondelle*, et Philomèle échappe aussi à ses serres par l'obscurité et la solitude des lieux qu'elle habite. Selon l'opinion qui me semble la plus probable, la *fauvette Philomèle* se reproduit en Anjou. Son nid ressemble à celui du rossignol ; ses œufs ne diffèrent de ceux de la précédente que par leurs dimensions un peu plus fortes et par une nuance assez souvent plus sombre.

Grand diamètre de 0ᵐ 020 à 0ᵐ 022, petit de 0ᵐ 014 à 0ᵐ 016.

Ici se termine la section des *rubiettes.* Pour compléter la nomenclature des fauvettes, il ne reste plus qu'à parcourir la subdivision comprenant les fauvettes proprement dites.

Fauvette orphée. — *Sylvia orphea.*

Si le nom de la *fauvette Philomèle* rappelle le souvenir de crimes atroces, celui de l'*orphée* ne fait du moins revivre dans notre esprit que celui d'un époux malheureux. Orphée, fils d'Apollon et de Clio, jouait admirablement de la lyre. Son épouse Eurydice, ayant été piquée par une vipère le jour de ses noces, descendit dans le sombre séjour de Pluton. Orphée résolut d'arracher aux enfers celle qu'il aimait tendrement. La puissance de sa lyre triompha de tous les obstacles ; les lois immuables de la mort furent suspendues par l'harmonie du fils d'Apollon, et Eurydice lui fut rendue. Malheureusement une condition était imposée : Orphée devait précéder Eurydice et ne la regarder que lorsqu'il serait sorti des noirs abymes. Déjà il franchissait le seuil de cet empire ténébreux, lorsque cédant à un désir bien naturel, il se détourne, voit Eurydice qui disparaît et lui est enlevée pour toujours. Inconsolable de cette perte, Orphée fuit la société des hommes et cherche dans les accents de sa lyre un soulagement à sa douleur. Les forêts, les montagnes, les animaux se montrèrent sensibles aux charmes de son harmonie ; mais elle ne put calmer le ressentiment des femmes dont Orphée avait repoussé l'union depuis la mort d'Eurydice. Le malheureux chantre fut massacré par les bacchantes en fureur, et sa tête jetée dans l'Hèbre, murmurait encore le nom d'Eurydice. Tel est le sommaire de la vie mythologique de celui auquel l'ornithologie a emprunté le nom qu'elle donne à une des plus gracieuses fauvettes. L'*orphée* ressemble à la *fauvette à tête noire* ce qui l'a fait surnommer la *grosse tête noire*. Elle en diffère essentiellement par ses dimensions qui sont plus fortes même que celles du rossignol. Son chant est puissant et doux, mais moins étendu que celui des deux espèces précédentes. Il respire la mélancolie et la tristesse, et fournit à cet oiseau un moyen d'échapper à la poursuite des chasseurs. L'*orphée* jouit de la faculté de modifier son ramage de telle sorte que lorsqu'on est près de cette fauvette, son chant paraît venir de bien loin ou d'un côté tout opposé à celui qu'elle occupe. Ceux qui se guident sur ce renseignement pour capturer l'*orphée* se trompent toujours, et dans cette circonstance encore la voix de cet oiseau semble venir des entrailles de la terre ou se perdre dans ses profondeurs. Rapport qui n'a pas dû échapper à ceux qui ont uni par le même nom la fauvette et l'époux infortuné.

Non-seulement l'*orphée* traverse notre département chaque année, mais elle s'y arrête quelquefois pour s'y reproduire. Cette année j'ai reçu de Charcé, par l'entremise de Mlle Chauveau, institutrice, un très beau nid d'*orphée* contenant cinq œufs. Ce nid, très gros, est composé à l'extérieur de gramen, de paille et de racines, et de crin à l'intérieur. Les œufs, d'un blanc sale, sont parsemés de taches brunes ou d'un cendré jaunâtre ; le centre des taches est d'une couleur plus foncée que celles des bords qui semblent se fondre avec les nuances de la coquille. Le nid est placé ordinairement sur les arbustes ou dans les haies et les buissons épais.

Grand diamètre de 0^m 017 à 0^m 019, et petit de 0^m 013 à 0^m 015.

FAUVETTE A TÊTE NOIRE. — *Sylvia atricapilla.*

Cette fauvette, l'une des plus communes en Europe, doit ses noms français et latin au noir profond répandu sur le dessus de sa tête. Peu craintive, elle vient animer de son chant et de son vol non-seulement les campagnes, mais encore les jardins des villes. Elle dissimule peu l'endroit qu'elle a choisi pour y construire son nid. Elle l'établit dans les haies, sur les bords des chemins, dans les groseilliers, les rosiers et les autres arbustes. Il est composé à l'extérieur de gramen, et garni à l'intérieur de quelques brins de crin. Arrondi en forme de coupe, il est très peu épais et ordinairement transparent. Les œufs qu'il contient, au nombre de quatre à cinq, varient beaucoup en grosseur et en couleur. Régulièrement ils ont des dimensions fortes comparativement à la taille de l'oiseau. Les uns, presque arrondis, ont le fond de la coquille d'un blanc sale ou roussâtre, parsemé de taches brunes dont le centre est plus foncé que les bords ; d'autres ont une couleur rougeâtre pointillée de noir. Quelques-uns paraissent recouverts de deux couches uniformes d'un jaune pâle et effacé, dont la seconde semble plus épaisse que la première. Enfin, on en trouve qui sont entièrement blancs. Pour cette fauvette, comme pour les autres oiseaux, cette grande variété dans les couleurs des œufs me semble provenir non-seulement de la différence d'âge des femelles et des lieux qu'elles habitent, mais surtout de la nourriture qu'elles trouvent. En effet, les mêmes oiseaux présentant dans leurs couvées successives une grande modification dans les nuances de leurs œufs, ce changement me semble ne pouvoir être attribué qu'à la nourriture, qui varie avec le cours de l'année.

Quelquefois il est très difficile de distinguer les œufs de la *fauvette à tête noire* de ceux de la *fauvette des jardins*, si ce n'est par la petite différence qui existe dans leurs dimensions. Les œufs de la première sont ordinairement un peu moins longs et moins blanchâtres que ceux de la seconde.

La fauvette à tête noire fait chaque année plusieurs couvées. Elle rivalise avec le *rossignol* pour la fraîcheur et l'harmonie de son chant ; mais s'il est aussi doux et aussi flexible, il est moins étendu. Le mâle partage avec la femelle les soucis de l'incubation ; il prodigue à ses petits les soins les plus tendres, et quand ils sont menacés par un ennemi, il cherche à l'éloigner des objets de son amour en feignant d'être blessé et de traîner l'aile. Puis, quand il pense avoir écarté le danger par cette ruse innocente, il s'envole et revient près de ses petits par une route détournée.

Grand diamètre de 0ᵐ 017 à 0ᵐ 020, petit de 0ᵐ 012 à 0ᵐ 014.

Fauvette des jardins. — *Sylvia hortensis.*

Cette fauvette aime à séjourner dans les jardins, à y chercher sa nourriture, à s'y reproduire, habitude qui justifie ses noms. Le nid de la *fauvette des jardins*, composé à l'extérieur de paille et de brins d'herbe, est garni de crin et confié ordinairement aux massifs et aux haies des jardins. Le crin employé par la plupart des petits oiseaux dans la contexture de leurs nids me paraît fournir une nouvelle preuve de l'instinct admirable que leur a donné Dieu dans sa tendre sollicitude pour tous les êtres de la création. Cette matière, tout à la fois chaude et flexible, se trouve facilement partout; par son élasticité, elle se prête à tous les mouvements de la couveuse. Avec le secours de cette garniture intérieure, le nid se développe selon l'âge des petits qu'il renferme, reçoit et conserve cependant toujours la forme ronde, la plus commode et la plus favorable pour l'incubation.

Ce nid contient ordinairement quatre ou cinq œufs dont la coquille est d'un blanc jaunâtre parsemé de taches brunes dont le milieu est d'une nuance plus foncée, tandis que celle des bords semble presque effacée.

Cette fauvette recherche les lieux ombragés et voisins des petits cours d'eau. Elle aime à nicher près de ses congénères, avec lesquelles elle vit en bonne harmonie. Son chant, varié et coulant, est moins éclatant que celui de la *fauvette à tête noire.*

Le grand diamètre de ses œufs est de 0ᵐ 018 à 0ᵐ 020, et le petit de 0ᵐ 013 à 0ᵐ 014.

Fauvette grisette. — *Sylvia cinerea.*

La couleur cendrée de cette fauvette lui a peut-être fait donner ses noms vulgaires et scientifiques. Cet oiseau se trouve en très grand nombre dans toute l'Europe. Il ne paraît nullement redouter le voisinage de l'homme. Son chant, moins agréable que celui de la plupart de ses congénères, plaît cependant par son excessive volubilité. Plus élancée dans ses formes qu'un certain nombre d'autres fauvettes, elle est aussi plus vive dans ses mouvements. Elle est sans cesse en activité;

on la voit tour à tour voltiger de branche en branche ou courir de buisson en buisson, voler en pirouettant au-dessus des haies pour y pénétrer ensuite avec agilité et se livrer à toute sorte d'ébats qui semblent indiquer un caractère léger et folâtre. La gaîté de la *grisette*, l'étourderie de ses mouvements, son chant saccadé, cette espèce de joyeuse folie qu'elle manifeste dans l'ensemble de ses habitudes, ne pourraient-ils pas faire supposer à son nom l'étymologie qui a été donnée à l'épithète *grive*?

La fauvette grisette fait deux, trois et même quatre couvées par an. Son nid, grossièrement façonné, est composé de petits brins de gramen et de paille; l'intérieur est quelquefois garni de flocons de laine ou du coton des plantes. Il est placé le plus souvent dans les haies peu élevées, sur le bord des routes, ou confié aux ronces qui s'étendent sur les fossés. Les œufs, au nombre de quatre à cinq, varient beaucoup en dimensions et en couleurs. Les uns sont d'un blanc sale et verdâtre parsemé de petits points ou de larges taches noirâtres toujours plus nombreuses vers le gros bout. D'autres sont tout ronds ou très allongés. On en trouve dont la coquille, d'un blanc de lait, porte vers le gros bout une couronne de petits points grisâtres. Enfin, quelques-uns revêtent la couleur jaunâtre avec des taches brunes. Malheureusement cette grande variété donne lieu à des erreurs involontaires ou à des fraudes calculées. Beaucoup d'œufs de la *fauvette grisette* circulent dans les collections et chez les marchands comme appartenant au *pit-chou*, à l'*aquatique* ou même à la *passerinette*.

Le grand diamètre est de 0^m 015 à 0^m 018, et le petit de 0^m 011 à 0^m 014.

FAUVETTE BABILLARDE. — *Sylvia curruca*.

La fauvette *babillarde* doit son nom à son chant peu étendu et sans cesse répété. Cet oiseau aime les taillis et les endroits fourrés. Sans cesse en mouvement, comme les *mésanges* et les *pouillots*, il poursuit et recherche dans ses chasses incessantes les insectes et les petites mouches qu'il rencontre sur les branches ou qu'il saisit au vol. Comme la *fauvette grisette*, il s'élève au-dessus des buissons en tournant sur lui-même pour y pénétrer ensuite avec la rapidité de la flèche. Dans ses évolutions, il retrace les ruses et les habitudes de l'*épervier* poursuivant sa proie. La *babillarde* enfle les plumes de sa gorge et de sa tête toutes les fois qu'elle reprend son chant monotone, habitude qui lui donne un air d'importance qui ne sied guère à sa petite taille.

Ce passereau, dont la présence a été signalée en Anjou, niche dans les buissons, les taillis ou sur les branches peu élevées des arbres. Son nid, composé à l'extérieur d'herbe ou de paille desséchée , est garni à l'intérieur de crin ou de plantes molles. Il contient quatre ou cinq œufs de couleur blanche, légèrement jaunâtre, parsemés surtout vers le gros bout de taches rousses ou olives dont le centre est beaucoup plus foncé que les bords. Ils reproduisent assez les nuances et la forme des œufs de la fauvette *orphée*, mais ils sont d'une dimension beaucoup plus petite. Leur grand diamètre est de 0m 014 à 0m 016 et leur petit de 0m 011 à 0m 013.

FAUVETTE A POITRINE JAUNE. — *Sylvia hippolaïs*.

Si l'explication du nom français donné à cette fauvette est simple et facile, dès-lors qu'il est fondé sur les nuances de son plumage, il n'en est pas de même du nom scientifique *hippolaïs* qui devrait, je crois, s'écrire *hypolaïs*. Cette dénomination vient ajouter une nouvelle preuve aux assertions de ceux qui pensent que pour arriver à la véritable étymologie, à celle fondée sur les mœurs ou sur la nature, il est nécessaire de s'affranchir quelquefois des règles strictes des grammairiens. Ainsi *hippolaïs* dérive du grec ὑπολαΐς dont les racines d'après les meilleurs dictionnaires, sont ὑπο et λας, λαας, λαος, λαι, rocher et dès-lors ce mot indiquerait que cet oiseau se tient sous les pierres et les rochers. Cette explication est entièrement dépourvue de vérité car la fauvette à *poitrine jaune* se plaît dans les endroits plantés de haies épaisses et près des cours d'eau ou des lieux humides. La pensée qui a présidé à la formation de ce mot a dû se proposer de rappeler une habitude caractéristique de l'*hippolaïs*, celle de contrefaire la voix, le chant, le cri de rappel de tous les oiseaux qui sont dans son voisinage depuis la *rousserole des marais* jusqu'à l'*hirondelle des cheminées* et depuis la *pie-grièche* jusqu'au *moineau*. Cette facilité excessive l'a fait surnommer généralement *fauvette polyglotte* (πολυς, plusieurs et γλωττα, langue) oiseau qui fait entendre plusieurs chants, qui parle en quelque sorte plusieurs langues. En m'appuyant sur cette dernière étymologie et sur les habitudes de cette fauvette , je pense que le mot ὑπολαΐς pourrait dériver de ὑπο, sens dessus dessous et de λαλις pour λαλος, *babillard* et signifier alors fauvette babillant à tort et à travers. Cette opinion me semble d'autant plus fondée que l'ensemble des auteurs traduisent ὑπολαΐς par *curruca*.

L'*hippolaïs* se reproduit chaque année, en Anjou ; elle recherche ordinairement les buissons touffus et les haies impénétrables pour y établir son nid. Là, selon la méthode des *rousseroles*, elle réunit plu-

sieurs branches d'aubépine, de ronce ou d'arbustes par des brins
de paille ou d'herbes sèches et déliées. Elle continue ensuite son
travail en donnant à son nid une grande profondeur. L'intérieur est
garni de crin, de laine, de coton des saules et autres matières souples et molles. L'extérieur, assujetti par les bords à ces petites branches, est composé de plantes entrelacées avec art. La femelle y dépose quatre ou cinq œufs très jolis surtout lorsqu'ils sont nouvellement pondus. Leur couleur est d'un rouge lilas ou violeté et parsemé
de raies et de taches noires ou rougeâtres. Leur longueur est de 0ᵐ016
à 0ᵐ019 et leur diamètre de 0ᵐ012 à 0ᵐ013.

Les naturalistes ont fait un genre *hippolaïs* qui comprend plusieurs espèces. L'une d'elles l'*ictérine* (de ικτερος jaune) me paraît venir chaque année dans notre département. Elle est d'autant plus facile à confondre avec la fauvette à *poitrine jaune*, qu'elle a les
mêmes nuances de plumage, les mêmes habitudes que celle-ci. Le
nid et les œufs des deux espèces se ressemblent entièrement. L'*ictérine* diffère de l'*hippolaïs* proprement dite, par des proportions un peu
plus grandes, un bec plus court, des ailes plus longues et une queue
un peu plus fourchue au centre.

Malheureusement ces fauvettes ainsi que la plupart des oiseaux
qui ne visitent l'Anjou que pour s'y reproduire, arrivent dans un
temps où la chasse est interdite, pour nous quitter vers l'époque à
laquelle elle est ouverte. Dès-lors il est difficile de pouvoir étudier
ces oiseaux, d'autant plus que presque tous ceux qui restent plus
longtemps parmi nous, perdent leur voix après la nidification et
échappent aux recherches en ne trahissant plus leur présence.

Je pense que les fauvettes *mélanocéphale*, *à lunettes*, *passerinette*
passent chaque année dans notre département, et que même elles
s'y reproduisent. Cette hypothèse devient presque une certitude, si
l'on admet comme exactes les descriptions des nids et des œufs de
ces oiseaux, faites par MM. Dégland, Baillif et Crespon. Pour faciliter
aux ornithologistes de notre Anjou la vérification de mon assertion,
je vais donner quelques détails sur ces trois fauvettes et sur leur
mode de nidification.

Fauvette melanocephale. — *Sylvia melanocephala.*

Les épithètes française et latine données à cet oiseau ont la même
étymologie; toutes les deux, elles dérivent du grec (μέλας, μέλαινα, noire
et κεφαλή. tête) et signifient *fauvette à tête noire*. La *melanocephale* ressemble beaucoup à la *sylvia atricapilla*; ses dimensions sont inférieures à celles de sa congénère, de cinq millimètres seulement. La

couleur rougeâtre qui entoure ses yeux est le signe le plus caractéristique qui la sépare des autres *sylvies*. Elle vit et niche comme la
fauvette à tête noire et peut ainsi être facilement confondue avec
cette dernière. Ses œufs au nombre de quatre à cinq ont dix-huit
ou dix-neuf millimètres de longueur, et treize ou quatorze millimètres de diamètre. D'après **M.** Crespon ils sont d'une couleur blanchâtre et parsemés de points noirâtres en forme de couronne vers
le gros bout. Selon **M.** Dégland, leur teinte est d'un gris roussâtre,
moucheté de petits points fauves ou d'un roux olivâtre, plus rapprochés au gros bout et peu sensibles. Cette différence peut s'expliquer par les variétés qui ont été communiquées à ces naturalistes.
Quoiqu'il en soit, l'on trouve en Anjou des types se rapportant exactement aux œufs décrits par ces deux auteurs.

Fauvette a lunettes. — *Sylvia conspicillata.*

Cette jolie petite sylvie dont les différents noms ont la même signification se distingue de la *fauvette grisette* par les plumes noires
qu'elle porte en forme de lunettes autour du cercle blanc de ses
yeux, par des couleurs plus pures et plus vives et par des dimensions plus petites. Elle a ordinairement trois centimètres de moins
que sa congénère à laquelle elle ressemble par l'ensemble de ses
habitudes et par son genre de nourriture. La *fauvette à lunettes* fait
son nid avec les mêmes éléments que la *grisette*; il renferme ordinairement quatre ou cinq œufs dont la longueur varie de $0^m 014$ à
$0^m 016$ et le diamètre de $0^m 011$ à $0^m 012$. La coquille de ces œufs est
blanchâtre ou d'un blanc teint de grisâtre, avec de nombreux points
ou de petites taches brunes, verdâtres, formant quelquefois une espèce de calotte vers le gros bout.

Fauvette passerinette. --- *Sylvia passerina.*

Le nom donné à cette fauvette est un diminutif du mot *passer*
(moineau) et indique que la couleur d'une partie de son plumage se
rapporte par ses nuances à celui du *moineau*. Le mâle a toutes les
parties supérieures d'un cendré couleur de plomb, inclinant au bleu,
toutes les parties inférieures en général d'un roux de brique avec
une légère teinte de violet. Le ventre et l'abdomen sont blanchâtres;
deux petits traits blancs en forme de moustaches partent de la base
du bec et descendent de chaque côté du cou ; enfin la queue est
noirâtre.

La longueur de la passerinette est de 13 centimètres. La femelle a le dessus du corps d'un cendré clair avec une très légère teinte olivâtre ; les parties inférieures sont d'un gris roussâtre clair ou jaunâtre, le ventre blanchâtre tirant un peu au roux. La bande blanche près le bec est peu apparente.

La *passerinette* a aussi les mêmes habitudes que la *grisette* ; elle construit avec les mêmes matériaux et dans les mêmes endroits un nid en forme de coupe, contenant quatre ou cinq œufs. Ceux-ci sont blanchâtres ou d'un blanc inclinant au verdâtre, avec des taches et des points tirant sur le violâtre, mêlés avec quelques autres d'un cendré roux et très rapprochés sur le gros bout, où la couleur du fond s'aperçoit à peine. Quelques-uns sont d'un blanc cendré avec des points d'un gris roussâtre plus nombreux vers le gros bout et se confondant avec la couleur de la coquille. Leur longueur varie de 0ᵐ 015 à 0ᵐ 016 et leur diamètre de 0ᵐ012 à 0ᵐ 013.

Les différences qui existent entre ces dernières sylvies sont très difficiles à saisir et ont échappé pendant longtemps à un grand nombre de naturalistes. Maintenant encore, malgré les travaux récents et les nouvelles observations, plusieurs auteurs distingués et, parmi eux, M. Nordmann, ont soutenu que la fauvette *grisette* (*sylvia cinerea*), la *passerinette* (*sylvia passerina*), la fauvette à lunettes (*sylvia conspicillata*), pourraient bien ne former qu'une seule espèce se manifestant par plusieurs variétés.

J'abandonne aux savants la solution de ce problème. Cependant je puis constater dès maintenant, quelle que soit leur décision, que l'on trouve en Anjou les différentes variétés d'œufs attribuées aux trois espèces précédentes.

SEPTIÈME GENRE.

POUILLOTS.

Dans la Faune de Maine et Loire, aux *fauvettes* succèdent les *pouillots*. Pendant très longtemps ces derniers ont été classés parmi les sylvies avec lesquelles ils ont beaucoup de rapport. Les *pouillots* sont avec le *troglodyte* et les *roitelets*, les plus petits oiseaux de l'Europe. C'est aussi aux dimensions de leur taille qu'ils doivent leur nom de *pouillot*, formé de *pullus, pusillus, petit*. Ces passereaux vivent régulièrement en société ; on les rencontre quelquefois en troupes assez nombreuses. Sans cesse en mouvement, ils papillonnent autour des branches, des feuilles, afin d'y saisir les vers et les insectes. Ils parcourent les arbres dans tous les sens pour y trouver leur proie et accompagnent cette chasse incessante d'un cri vif et perçant qui semble souvent être un cri de rappel. Quatre espèces de *pouillots* visitent l'Anjou et s'y reproduisent. La cinquième espèce, le *pouillot à ventre jaune*, admise par M. Millet, n'est, d'après la grande majorité des naturalistes, que le *pouillot fitis*, jeune âge et en plumage d'automne.

Pouillot siffleur. — *Sylvia sibilatrix.*

Les noms français et latin du *pouillot siffleur*, le plus grand du genre, lui viennent de son cri de rappel qui est aussi son cri ordinaire. Ce cri perçant ressemble à un sifflement semblable à celui que fait entendre le *bouvreuil*, et sa puissance étonne de la part d'un oiseau si faible.

Le *siffleur* établit son nid près de terre, dans les broussailles, dans les lieux humides, sur les bords de fossés. Des feuilles de fougère desséchées, de la *guinche* (*molinie* bleuâtre, *molinia* cœrulea), de la mousse en forment l'extérieur ; des plumes, du crin et des matières molles en garnissent l'intérieur. Ce nid a la forme d'une grosse boule oblongue ou d'un four de campagne, selon les endroits dans lesquels il se trouve établi. Une petite ouverture y est pratiquée du côté le moins exposé aux regards et est ordinairement tourné vers le fossé. L'entrée se trouve à peu près au milieu du nid de manière cependant que la partie supérieure puisse s'avancer pour former toit et préserver la mère et sa jeune famille de la pluie et de l'humidité de la rosée. Ce nid, par sa couleur et sa position, échappe facilement aux regards, mais il se trouve malheureusement trop près de terre pour n'être pas souvent visité et dévasté par les lézards verts et les couleuvres. Les œufs dont le nombre varie de cinq à sept sont un peu oblongs ; la coquille est d'un blanc plus ou moins rosé et pointillé de taches d'un brun roux et rougeâtre, plus nombreuses et plus rapprochées à mesure qu'elles s'élèvent vers le gros bout. Ces œufs se distinguent de ceux du *natterer* par leurs dimensions un peu plus fortes et par le fond de la coquille toujours plus blanc; enfin les taches du *siffleur* sont ordinairement plus larges et plus séparées les unes des autres que celles des œufs du *natterer.*

Le grand diamètre est de 0ᵐ 014 à 0ᵐ 016 et le petit de 0ᵐ 011 à 0ᵐ 012.

Pouillot fitis. — *Sylvia trochylus.*

La difficulté de distinguer les différentes espèces de *pouillots*, qui ont tous des traits de ressemblance, a forcé les naturalistes à remarquer certaines particularités omises facilement dans le classement des autres oiseaux. Le cri triste et mélancolique de ce *pouillot* qui semble faire entendre ce mot *fist-fist,* a suffi pour que Bechstein lui donnât le nom de *fitis*, expression défigurée du chant du *pouillot trochilus.* Quant à cette dernière dénomination, elle convient à tous les *pouillots* ; elle dérive de τροχιλος dont la racine τριχα, tourner, voltiger avec vitesse, reproduit parfaitement le vol papillonnant et bruyant de ces oiseaux, tournant autour des petites branches avec la même rapidité et le même bourdonnement que le fuseau sous une main exercée.

Le nid du *fitis*, beaucoup plus restreint dans ses dimensions que celui du précédent est composé des mêmes matières et souvent placé moins près de terre ; on le trouve dans les bois ou les taillis, non loin des petits cours d'eau ou des fossés, suspendu à de grandes tiges de fougère. On le prendrait facilement pour le nid du rat des moissons. Il contient cinq ou six œufs moins gros et plus allongés que ceux du *siffleur*, d'un fond, blanchâtre disparaissant sous des petits points d'un rouge de brique très multipliés, et recouvrant en quelque sorte entièrement le fond de la coquille. Ils pourraient être confondus avec quelques variétés des œufs de la *mésange bleue*, mais ces derniers cependant ne sont jamais si chargés de taches.

Grand diamètre de 0ᵐ 014 à 0ᵐ 015 ; petit de 0ᵐ 010 à 0ᵐ 012.

POUILLOT VÉLOCE. — *Sylvia rufus.*

Les noms de ce *pouillot* offrent une nouvelle preuve de la peine que l'on éprouve à saisir des nuances dans les couleurs ou des différences dans les habitudes de ces petits oiseaux. Les noms de *véloce* et de *rufus, roux* peuvent convenir à tous les pouillots, puisque tous sont d'une agilité remarquable et que leur couleur fauve les avait fait classer parmi les *sy'vies.* En hiver on trouve le *véloce* en grand nombre dans les arbustes et les osiers plantés sur les bords des rivières et surtout des marais ou des étangs. De l'extrémité des branches qu'il visite en tous sens, il se précipite sur la proie qu'il aperçoit fixée aux plantes aquatiques ou entraînée par les eaux. Quand cette proie est attachée à un débris ou à un objet capable de le supporter, il s'y fixe et dès-lors s'abandonne sur cette espèce d'esquif au cours de l'eau jusqu'à ce que sa faim ou son investigation soit satisfaite. On peut constater ces habitudes du *véloce* près des bords de l'étang St-Nicolas, principalement à l'endroit où l'eau décrit une courbe entre les deux bouquets de sapins. Le *véloce* a la faculté de modifier sa voix et de faire croire qu'il chante bien loin du chasseur lorsqu'il en est très près. Ainsi, dans le mois de mai 1857, j'étais occupé avec plusieurs jeunes gens à chercher un nid de *pouillot véloce* dans les petits taillis situés sur la rive droite du même étang ; pendant nos investigations, le mâle resta perché à l'extrémité d'un arbre, faisant entendre son cri d'inquiétude qui nous semblait devoir diriger nos pas. Après un certain temps consacré à des recherches inutiles, nous nous aperçûmes que nous étions les victimes du petit ventriloque. Nous ne pouvions l'entrevoir lui - même, et lorsque nous pensions être près de le découvrir, son chant nous paraissait venir de bien loin, pour se rapprocher quand nous nous éloignions et recommencer sans cesse une ruse qui nous fatiguait sans procurer aucun résultat.

Le *pouillot véloce* est, en Anjou, le plus répandu des oiseaux de ce genre. Comme le *siffleur,* il niche très près de terre, le long des talus des fossés et toujours du côté de la route, espérant ainsi éviter plus facilement les regards des hommes. Pour le découvrir, en effet, on est non-seulement obligé de se courber profondément, mais même de descendre dans les fossés. Ce nid réunit les mêmes éléments que ceux des pouillots précédents, et contient de cinq à sept œufs variant de formes et de taches. Peut-être trouverait-on dans cette différence très sensible une preuve en faveur de ceux qui admettent une cinquième espèce de *pouillot.* Ces nuances très distinctes méritent de fixer l'attention des naturalistes. Quelques nids contiennent des œufs presque ronds, dont la coquille est d'un blanc parsemé de taches noires ; d'autres présentent des œufs de forme allongée et couverts de taches plus petites et d'un rouge de brique.

Grand diamètre de 0^m 014 à 0^m 017, petit de 0^m 011 à 0^m 013.

POUILLOT NATTERER. — *Sylvia Nattereri* ou *Bonelli.*

Ce *pouillot* porte indifféremment le nom de *Natterer* ou celui de *Bonelli.* Il doit ces dénominations aux deux savants qui les premiers ont pu, par de minutieuses observations, le distinguer des autres espèces. Les habitudes de cet oiseau sont les mêmes que celles de ses congénères. Il niche comme le *véloce,* en préférant toutefois les lisières des bois à tous les autres lieux. Son nid renferme cinq ou six œufs plus petits que ceux du *siffleur,* et tellement chargés de points rougeâtres qu'ils paraissent se confondre et donner une nouvelle nuance à la coquille ; celle-ci semble quelquefois être un peu violetée.

Grand diamètre de 0^m 014 à 0^m 017, petit de 0^m 011 à 0^m 012.

HUITIÈME GENRE.

ACCENTEUR PÉGOT. — *Accentor alpinus.*

Les inflexions brèves et saccadées du chant de l'*accenteur* ont déterminé les ornithologistes à donner à cet oiseau un nom qui reproduisît cette particularité : *accentor*, celui qui entonne. On dirait qu'il annoncerait une *antienne* sur un ton mélancolique; c'est un chant commencé et subitement interrompu. Quant au mot *pégot*, il me semble pouvoir s'expliquer de deux manières. L'*accenteur alpin* vit sur le sommet des montagnes du midi de l'Europe, et en particulier sur celui des Alpes. Il se nourrit d'insectes et de graines, double avantage qui lui permet de séjourner presque en tout temps dans les mêmes pays. Cet oiseau se plaît dans les régions solitaires. Fixé sur une pierre, il s'y tient immobile pendant longtemps, regardant autour de lui d'un air hébété tout ce qui s'y fait, ne paraissant pas redouter l'approche de l'homme, par indifférence ou par ignorance du danger. Cette habitude, cet air stupide lui ont fait donner le nom de *pégot*, dérivé de *pée*, expression du pays de Comminges (Haute-Gascogne), signifiant *hébété, imbécille*. La couleur noirâtre du plumage de cet oiseau pourrait peut-être faire admettre que *pégot* vient du vieux mot français *pége*, signifiant *couleur de poix, noirâtre.* Cet accenteur niche à terre, dans les inégalités de terrain ou entre les pierres; son nid, composé de racines, de brins d'herbe et de paille, est très solidement construit. Ces différentes matières sont tellement unies et liées, qu'elles paraissent avoir été soumises à l'action d'une presse puissante. Les bords du nid ont jusqu'à 0ᵐ 05 d'épaisseur. Il contient de quatre à six œufs bleus sans taches; leur longueur varie de 0ᵐ 020 à 0ᵐ 024, et leur diamètre de 0ᵐ 015 à 0ᵐ 017.

Le *pégot* traverse l'Anjou très rarement et n'y séjourne jamais.

ACCENTEUR MOUCHET. — *Accentor modularis.*

Ce congénère du *pégot* est sédentaire dans notre département. On le trouve partout et en grand nombre. Il se tient dans les taillis et les haies épaisses, sans cesse occupé à recueillir quelques petites graines, à saisir des vermisseaux, des insectes et surtout des mouches, habitude qui lui a fait donner l'épithète *mouchet*. Cet accenteur est très lent dans ses mouvements; il sautille d'un air stupide et peu défiant dans les buissons; aussi a-t-il reçu le nom expressif de *traine-buisson*. Son chant est bref, peu varié ; il le fait suivre ou précéder de quelques sons plaintifs, tremblants, qu'il semble se plaire à *moduler*, ce qui explique sa dénomination latine *modularis*.

L'accenteur *mouchet* établit son nid dans les arbustes et dans les haies, à environ un mètre de terre ; son nid, assez volumineux, est formé ordinairement d'une couche épaisse de mousse disposée en coupe, revêtue à l'extérieur de quelques brins de paille ou de petites racines, et à l'intérieur de crin. Ce nid renferme quatre ou cinq œufs bleus, un peu ventrus, et se distinguant de ceux du *rossignol de murailles*, par une forme moins allongée et par une couleur plus pâle.

Grand diamètre de 0^m 017 à 0^m 019, petit de 0^m 012 à 0^m 014.

NEUVIÈME GENRE.

ROITELET HUPPÉ (*Regulus cristatus*). — ROITELET A TRIPLE BANDEAU (*Regulus ignicapillus*).

Deux fois chaque année notre département est traversé par des bandes de petits oiseaux dont le cri et le vol plaisent à ceux qui en sont les témoins. Ils parcourent, avec une vitesse et une grâce qui tiennent beaucoup de celles du papillon, les taillis et surtout les arbres verts, cherchant les petites mouches, les insectes et leurs larves. Aucune partie des arbres n'échappe à leurs investigations incessantes ; on les voit suspendus à l'extrémité même des feuilles agitées par le vent, le corps renversé, afin d'être plus certains de ne rien oublier sur leur passage. Ces oiseaux si vifs, si gracieux, sont des habitants des Alpes, qui, malgré leur faiblesse, entreprennent et exécutent de longs voyages. Les naturalistes les ont nommés *roitelets, petits rois,* à cause de leur huppe et de leur bandeau qui semblent être une couronne.

En Europe, trois espèces forment ce genre ; deux seulement nous visitent. Celles-ci se distinguent entre elles par la huppe et le triple bandeau de vives couleurs, qui embellissent encore leur petite tête. Cette particularité a déterminé leurs noms communs et savants. Pendant longtemps ils ont été confondus dans une seule espèce, et c'est M. Brehm, naturaliste saxon, qui le premier les a déterminés d'une manière précise.

Le *roitelet huppé,* mâle, porte sur le sommet de la tête une huppe d'un jaune orange, encadrée sur les côtés et en devant par des plumes effilées, noires à l'extrémité des barbes, et d'un jaune vif à l'intérieur. Ces plumes font en quelque sorte partie de la huppe, car elles s'élèvent avec elle.

Le diadème des femelles est moins brillant que celui des mâles. Cet oiseau établit son nid dans les arbres élevés et touffus ; il a la forme d'une boule très ronde dans laquelle on a pratiqué un petit trou placé en dessous afin que l'eau n'y puisse pénétrer. Cette ouverture est ordinairement dissimulée sous une branche. Souvent il m'est arrivé d'examiner ce nid dans tous les sens avant d'apercevoir l'ouverture qui donnait passage à la femelle. De la mousse, parsemée de petits lichens, et unie par des toiles d'araignée, en compose l'extérieur ; des plumes et du crin garnissent l'intérieur. Ce nid renferme de six à huit œufs d'un blanc sale ou jaunâtre, et dont le gros bout est ordinairement d'une nuance uniforme mais plus foncée ; on dirait une seconde couche répandue sur la première en forme de calotte.

Le grand diamètre est de 0^m 012 à 0^m 013, et le petit de 0^m 009 à 0^m 010.

Le *roitelet à triple bandeau* doit son nom aux différentes bandes blanches et noires qui sillonnent sa tête et encadrent sa huppe. Celle-ci est d'un orangé couleur de feu. Ses habitudes sont les mêmes que celles du précédent, avec lequel il émigre et vit en bonne harmonie. Son nid est fait de la même manière et placé entre plusieurs petites branches qui, en retombant, l'enveloppent et le cachent tout à la fois.

Ses œufs diffèrent de ceux de son congénère par leur couleur rose et par de petits points d'un rouge un peu effacé ; leurs dimensions sont aussi un peu plus petites que celles de l'espèce précédente.

Grand diamètre de 0^m 011 à 0^m 012, et le petit de 0^m 008 à 0^m 009.

DIXIÈME GENRE.

TROGLODYTE D'EUROPE. — *Troglodytes vulgaris.*

Les anciens avaient donné le nom de *Troglodytes* à des peuples d'Afrique dont ils connaissaient peu les habitudes précises, et qu'ils supposaient devoir vivre en sauvages et habiter les cavernes et les bois. Selon une opinion admise par un certain nombre d'historiens modernes, le peuple des *Troglodytes* n'aurait jamais existé, et les anciens auraient vu des hommes là où il n'existait réellement que des singes. Quoi qu'il en soit, les ornithologistes se sont appuyés sur ces données vraies ou fausses pour imposer à un très petit oiseau le nom de *troglodyte*, composé de τρωγλη, trou, caverne, et δυω, δυμι, entrer, habiter. Ce passereau aime en effet à visiter, à parcourir les fentes, les crevasses des vieilles murailles, les trous des arbres vermoulus, pour y saisir les insectes et les vermisseaux.

En Anjou, on appelle communément le *troglodyte, berrichot, beurichon* et *burrichon*. Ce nom vulgaire dérive du vieux mot latin *burrichus*, signifiant *roux*, dont la racine est πυρρός, roux. Cette dénomination, *le petit roux*, est parfaitement justifiée par la couleur uniforme des plumes du troglodyte.

Quant au mot *robertaud, petit Robert, petit maître Robert*, il convient à ce petit oiseau, qui fait acte de propriétaire en se glissant partout, même dans l'intérieur des maisons, pour y manger ou pour s'y reproduire, et sans demander aucun consentement. Ce mot a en outre le même sens que *beurichon*, car Robert vient de l'allemand *Rotbert*, signifiant barbe rousse, et peut dès-lors se traduire encore ainsi : *le petit roux*.

Le *troglodyte* se plaît aussi dans les haies touffues, dans les lierres qui tapissent les murs ou serpentent autour des arbres. Ses mouvements sont vifs et saccadés ; son chant, assez agréable, est très étendu et très perçant pour un si petit oiseau ; ce chant ne se compose que d'une seule phrase non interrompue qui dure cinq ou six secondes. Cette particularité, très rare chez les oiseaux, mérite d'être remarquée, car les phrases du *rossignol* ne se prolongent pas au-delà de deux ou trois secondes. Celles du *merle noir* durent trois ou quatre secondes, celles du *merle grive* deux ou trois ; seule, l'alouette l'emporte sur le *troglodyte* par un chant qui comprend de cinq à sept minutes.

La queue du *troglodyte* est toujours relevée en éventail, et ses mouvements semblent indiquer une colère ou une irritation presque continuelle. On le voit sans cesse paraître et disparaître derrière les branches ou les feuilles ; il trompe la vigilance de tous ses ennemis par cette espèce de fuite stratégique. Dans le temps de la nidification, le mâle se tient près de son nid, surveille tous ceux qui s'en approchent, et manifeste, par l'agitation de ses plumes et par ses cris incessants, l'indignation qui l'impressionne. Le *troglodyte* établit son nid le long des arbres couverts de lierre, sous les hangars près des fermes, dans les trous des vieux murs et quelquefois à une petite distance de terre, entre les branches d'un arbuste ou des charmilles. Ce nid, dont les dimensions sont très considérables, présente ordinairement la forme d'une boule oblongue ; un petit trou très rond, placé sur le côté ou vers le haut, donne passage à la couveuse. Cette ouverture est fortifiée par de petites racines qui en assujettissant la mousse, l'empêchent de céder sous la pression occasionnée par l'entrée et la sortie de la femelle. Le haut du nid s'avance presque toujours, afin de servir de toit et de préserver l'intérieur contre les inconvénients de la pluie et les intempéries de la saison. Des feuilles desséchées de fougère ou d'autres plantes, de la mousse liée par des racines, forment l'extérieur ; le dedans est garni de plumes et de crin. Il contient de cinq à sept œufs très gros pour les dimensions de l'oiseau. Leur forme est un peu oblongue, le fond de la coquille est d'un blanc uniforme, et de couleur rose lorsque les œufs ne sont pas vidés. Le plus souvent ils sont parsemés de points rougeâtres. Le nid du *troglodyte* est très remarquable par la propreté qui y règne intérieurement. Le père et la mère le purgent continuellement des insectes qui s'y introduisent et des excréments de la petite famille.

Le grand diamètre est de 0^m014 à 0^m016, et le petit de 0^m011 à 0^m012.

ONZIÈME GENRE.

Bergeronnette grise. —*Motacilla alba.*

Le genre des *bergeronnettes*, comprend un certain nombre d'oiseaux intéressants par les habitudes auxquelles ils doivent leurs différents noms. Ces passereaux vivent de vermisseaux, d'insectes et recherchent les lieux où ils peuvent les trouver plus facilement. Par gaieté et pour saisir au vol quelque insecte ailé, ils aiment à s'élancer à une petite élévation au dessus des prairies, à tourner sur eux-mêmes et à retomber ensuite pour recommencer plusieurs fois les mêmes évolutions. On les voit courir avec grâce et agilité sur les bords des rivières, voltiger sur les feuilles de nénuphar ou sur les roseaux inclinés. Ils se plaisent à visiter les bassins dans lesquels s'abreuvent les troupeaux et qui servent de lavoirs publics : cette habitude les a fait nommer *lavandières*. Le mouvement imprimé sans cesse de haut en bas à leur longue queue leur a mérité l'épithète de *hoche-queue* ou de *motacilles* (*motacilla*, de *moveo*, agiter, remuer). Quant au nom de *bergeronnette* ils le doivent à leur habitude de suivre les cultivateurs et les bergers, de s'attacher à leurs pas sans craindre leurs attaques. Ils se tiennent derrière la charrue qui trace les sillons, saisissent les insectes sous les mottes renversées, ne redoutant ni les animaux ni ceux qui les dirigent. Dans les prairies, ils restent au milieu du troupeau, suivent tour à tour les bestiaux, vivant des insectes ou des vermisseaux que les pas pesants des vaches ou des bœufs font sortir de leurs retraites. D'autres fois ils s'attachent au dos des moutons, des porcs même et les débarrassent des insectes qui les tourmentent. Souvent on a vu une ou deux *bergeronnettes* fixées sur un seul animal, le suivre dans sa course furieuse déterminée par les piqûres qu'il ressentait et dont il ne comprenait pas le motif et ne l'abandonner que lorsque la visite générale était terminée.

Les *bergeronnettes,* se rapprochent beaucoup les unes des autres ; dès lors quelques naturalistes ont réuni plusieurs espèces en une seule, d'autres au contraire ont fait un grand nombre de subdivisions. On admet généralement quatre espèces qui toutes visitent l'Anjou et dont trois s'y reproduisent.

La *bergeronnette grise* doit son nom à l'ensemble de sa couleur, d'un gris blanchâtre; elle niche dans notre département. Composé de mousse, de crins et de plumes, son nid est placé ordinairement dans les tas de pierres situés sur le bord des eaux. Il prend dès lors la forme du trou auquel il est confié. Pour en dissimuler l'entrée, le père et la mère, y pénètrent par différents passages. Ce nid contient quatre ou cinq œufs d'un blanc grisâtre parsemé de petits points d'un brun noirâtre. Le grand diamètre est de 0ᵐ020 et le petit de 0ᵐ015.

Quelques ornithologistes pensent que la véritable *bergeronnette lugubre* ne vient pas en Europe, et que celle à laquelle on a donné ce nom à cause des nuances plus sombres et plus foncées de son plumage n'est qu'une variété de la *grise.*

Quant à la *bergeronnette Yarell,* ainsi appelée du nom du savant Anglais qui l'a déterminée, elle est considérée par les uns comme une variété dépendant de la vieillesse du sujet, ou de l'influence du climat, d'autres auteurs l'ont érigée en espèce.

Quoiqu'il en soit les *bergeronnette lugubre* et *Yarell* ont les mêmes habitudes que la *grise.* Leur nid est en tout conforme à celui de leur congénère et leurs œufs ne diffèrent de ceux de la *motacilla alba* que par la couleur de leur coquille quelquefois plus foncée. Variété insuffisante cependant pour servir de fondement à une distinction d'espèces, puisque ces variétés se manifestent et d'une manière encore plus sensible dans les œufs de presque tous les passereaux.

BERGERONNETTE JAUNE. — *Motacilla boarula.*

Cette *bergeronnette,* se distingue des précédentes non-seulement par les nuances de son plumage auxquelles elle doit un de ses noms,

mais encore par son caractère. Ennemie de la société, elle recherche la solitude et attaque ses congénères qui se trouvent dans les
lieux qu'elle parcourt. Elle accompagne son vol d'un petit cri plaintif et vibrant qui l'a fait surnommer *boarule* (*boarula* de βοαω,
crier).

Souvent elle traverse les villes pour s'arrêter de jardin en jardin,
de cour en cour, afin de visiter tous les endroits humides. On l'ap-
perçoit solitaire et perchée sur le toit des maisons où elle fait entendre son cri perçant, et d'où elle semble rechercher les endroits les
plus favorables à ses investigations.

Son nid composé à l'extérieur de brins d'herbe et de débris de
plantes, est garni à l'intérieur de plumes et de crin. Placé à terre et
sous des pierres près des cours d'eau, il contient de quatre à six
œufs d'un blanc sale, roussâtre ou même isabelle. La couleur de
quelques-uns est uniforme, d'autres sont couverts d'une seconde
couche presque effacée ou de petites taches grisâtres et jaunâtres.
Grand diamètre de 0^{m}018 à 0^{m}020, et le petit de 0^{m}014 à 0^{m}015.

BERGERONNETTE PRINTANNIÈRE. — *Motacilla flava.*

Cette bergeronnette la plus sociable de tout le genre est très répandue en Europe. Elle arrive en grand nombre, dès les premiers
jours de printemps, dans les pays où elle doit nicher. Elle paraît annoncer le retour de la belle saison et c'est cette particularité qui lui
a fait donner son nom français. Quant au mot *flava, jaune,* il indique
que son plumage approche de celui de la précédente. Elle niche à
terre, dans l'herbe, près des rivières, et pond le même nombre
d'œufs que la *boarule.* Leur couleur est plus jaune, plus rousse et
plus uniforme que celle des œufs de sa congénère. Grand diamètre
de 0^{m}017 à 0^{m}018 et le petit de 0^{m}013 à 0^{m}014.

Quelques naturalistes ont admis une bergeronnette *flaveole* (*motacilla flaveola,* jaunâtre) qui selon l'opinion la plus accréditée, n'est
qu'une variété de la *printannière.* Les œufs qu'on lui attribue sont
d'un blanc roussâtre ou jaunâtre uniforme et strié de petits points
bruns peu visibles.

DOUZIÈME GENRE.

PIPIT RICHARD. — *Anthus Richardi.*

Les *pipits,* ont été pendant très longtemps confondus avec les
alouettes dont ils se rapprochent par quelques traits de ressemblance

et dont ils s'éloignent par plusieurs habitudes. Ces oiseaux forment la transition naturelle entre les *bergeronnettes* et les *alouettes*. Comme les premières ils vivent d'insectes et donnent à leur queue un mouvement de haut en bas. Comme les seconds ils chantent en s'élevant dans les airs, et présentent des formes beaucoup moins élancées que les *motacilles*. Enfin quelques-uns se perchent très rarement.

Leur nom générique *pipit* est la reproduction de leur chant *pit-pit* qu'ils répètent sans cesse et qui semble être en même temps un chant de joie et un cri de rappel. Leur dénomination latine *anthus* dérive du grec Ανθος, signifiant fleur. Si le mot est pris au figuré, les *pipits* seront alors considérés comme l'ornement des lieux qu'ils habitent, par leur vol et leurs mouvements continuels. S'il est adopté selon le sens propre il indiquera que ces passereaux vivent en général au milieu des terrains cultivés, et qu'ils se nourrisent de graines des fleurs et des plantes.

Le *pipit Richard* le plus gros de tous, a été dédié par M. Vieillot au naturaliste de Lunéville qui l'avait signalé le premier. Comme tous ses congénères il niche à terre; son nid, se compose de petites racines et de brins de foin ou de plantes, il renferme quatre ou cinq œufs. Leur coquille d'un blanc gris sale, est revêtue de taches d'un noir rougeâtre.

Leur grand diamètre varie de 0ᵐ022 à 0ᵐ028 et leur petit de 0ᵐ018 à 0ᵐ020.

PIPIT SPIONCELLE. — *Anthus aquaticus.*

L'épithète *spioncelle* qui sert à désigner ce pipit, rappelle une des habitudes de ce passereau, celle de se plaire et de vivre dans les terrains plantés de buissons d'épines (*spina*, épine). C'est le même motif qui l'a fait nommer *spinoletta*. Le deuxième nom *aquaticus* (aquatique) nous retrace une autre habitude de cet oiseau, celle de fréquenter les lieux humides, et les bords des rivières et des marais. Le *spioncelle* manifeste une grande variation dans ses goûts et c'est cette particularité qui a induit en erreur plusieurs naturalistes et lui a procuré des noms d'une signification toute différente. A quelques époques de l'année et revêtu d'un certain plumage on voit le *spioncelle* fréquenter les terrains marécageux et les bords des rivières, on le nomme alors *anthus aquaticus*. A une autre époque et avec une livrée différente, on l'a remarqué dans les endroits rocailleux, couverts de buissons, sur les montagnes, on lui a par conséquent donné la dénomination d'*anthus montanus*. Ces pérégrinations dans des lieux si différents ne sont pas chez les *spioncelles* le résultat d'un caprice, mais elles sont dictées par un instinct raisonné qui les dirige dans les endroits, qui selon les saisons offrent plus de ressources et d'abondance pour leur nourriture.

Le *Spioncelle* fait à terre, dans les endroits rocailleux, un nid composé de racines et d'herbes. Il contient de quatre à six œufs ventrus, de teintes et de couleurs très différentes. Les uns sont d'un blanc sale, d'autres d'un gris un peu violet; on en trouve de rougeâtres; tous portent des taches brunes ou noirâtres, toujours plus nombreuses vers le gros bout. Quelques-uns paraissent avoir une seconde couche plus foncée que la première, et qui donne à une partie de l'œuf une teinte toute particulière.

Grand diamètre de 0^m 020 à 0^m 023, petit de 0^m 015 à 0^m 017.

PIPIT ROUSSELINE. — *Anthus rufescens.*

Les noms français et latin de cet oiseau sont fondés sur les nuances de son plumage. Le *pipit rousseline* aime à s'élever à des hauteurs assez considérables en répétant son ramage un peu monotone, puis à se laisser tomber la tête en bas avec la rapidité de la flèche, dont il prend la ressemblance en conservant ses ailes étendues sans leur imprimer aucun mouvement.

Le nid, composé de mousse, de petites racines, d'herbe et de crin, reçoit ordinairement de quatre à six œufs dont la coquille, légèrement blanchâtre, est souvent striée de points, de taches et même de raies qui varient du violet au brun ou au roux foncé.

Le grand diamètre est de 0^m 020 à 0^m 024, et le petit de 0^m 017 à 0^m 018.

PIPIT FARLOUSE. — *Anthus pratensis.*

Le *pipit farlouse* est très commun dans notre département; il est le plus petit du genre et ressemble beaucoup au *pipit des arbres*. Souvent il est désigné sous le nom d'alouette des prés (*prati alauda*); ce sont ces deux derniers mots réunis et défigurés qui ont formé la dénomination *farlouse,* en subissant, d'après Le Duchat, les transformations suivantes : *prati alauda,* puis *pralauda, fralauda, farloue,* et enfin *farlouse.* L'épithète latine *pratensis* (de pré), représente la même idée. Le *pipit farlouse* vit en bandes nombreuses, se tient de préférence dans les herbes et dans tous les lieux humides et arrosés; il y poursuit les insectes et les petits vermisseaux. On le trouve en très grand nombre, pendant l'automne et l'hiver, dans les marais de la Baumette et sur les bords de l'étang Saint-Nicolas; à l'approche du chasseur, il s'élève à une hauteur peu considérable, par un vol incertain et saccadé, en faisant entendre un petit cri répété qui paraît être en même temps un cri de rappel et de mécontentement. On voit qu'il s'éloigne à regret des lieux qu'il avait choisis pour y chercher sa nourriture, et dans lesquels il revient presque immédiatement dès qu'il aperçoit que le danger est passé.

Le *pipit farlouse* fait son nid à terre, dans les champs ensemencés, dans les prairies, quelquefois dans les taillis ou au pied d'un buisson. Des herbes sèches, des racines et un peu de mousse en composent l'extérieur; les œufs, au nombre de quatre ou cinq, reposent sur une petite couche de crin et de duvet des plantes ; ils varient en couleurs plus que les œufs de tous les autres oiseaux. Ils présentent toutes les formes, les couleurs et les nuances les plus variées. Chez les uns, le fond de la coquille est d'un blanc un peu enfumé ; chez d'autres, il varie du blanchâtre au rougeâtre, avec des points ou des taches brunes, pourprées, violettes. Les uns sont parsemés de petits points couleur de brique, d'autres portent de larges taches brunes effacées et se fondant dans les premières teintes de la coquille. Enfin, quelques-uns sont ronds, d'autres oblongs, et un certain nombre piriformes. Souvent les couleurs de ces œufs ont un éclat si vif qu'ils semblent avoir été recouverts d'une couche de vernis.

Le grand diamètre est de 0ᵐ 018 à 0ᵐ 022, et le petit de 0ᵐ 014 à 0ᵐ 016.

PIPIT DES ARBRES. — *Anthus arboreus.*

Ce passereau doit son nom à quelques-unes de ses habitudes. Il se perche plus facilement que ses congénères, et fréquente plus volontiers qu'eux les lieux plantés d'arbres ou parsemés de buissons. Il niche cependant à terre, comme tous les *pipits*. Son nid, formé d'herbe, de foin et de mousse, est garni à l'intérieur de crin et de petites racines très déliées. Placé dans les fourrages, les bruyères et les taillis, il contient de quatre à six œufs un peu oblongs. Leur coquille est souvent d'un blanc grisâtre strié de petits points bruns ou noirâtres. Elle offre des traits ou des taches rougeâtres ou d'un cendré violet sur un fond blanc recouvert d'une seconde couche rougeâtre. Ces œufs offrent les mêmes variétés que ceux du *pipit farlouse.*

Grand diamètre de 0ᵐ 019 à 0ᵐ 020, et le petit de 0ᵐ 014 à 0ᵐ 017.

PIPIT OBSCUR. — *Anthus obscurus, maritimus.*

La présence du *pipit obscur* a été signalée en Anjou; quelques naturalistes même ont pensé qu'il s'y était reproduit. La couleur sombre du plumage de cet oiseau, les lieux qu'il recherche de préférence, justifient les épithètes *obscur* et *maritime* sous lesquelles il est désigné. Il habite ordinairement le nord de l'Europe, et se répand dans les régions plus tempérées. Ce pipit se tient sur les bords de la mer, où on le rencontre en très grand nombre, et dans les joncs et les marécages situés à l'embouchure des rivières. On le voit, par troupes assez considérables, courir sur les terrains couverts et abandonnés successivement par les flots de la mer, dans les marais salants. Il cherche alors dans les terres humides et détrempées, des petits vermisseaux. Le *pipit obscur* niche à terre, souvent dans les îlots, sur les bords de la mer, dans les touffes d'herbe ou entre les rochers. Le nid, formé d'herbes desséchées, de racines et de mousse, renferme de quatre à six œufs un peu oblongs, d'un gris verdâtre, strié de petits points bruns ou noirâtres.

Leur grand diamètre est de 0ᵐ 020 à 0ᵐ 022, et leur petit de 0ᵐ 015 à 0ᵐ 016.

Ici se termine la deuxième famille de l'ordre des *passereaux.*